我
们
一
起
解
决
问
题

FIGHT THE FEAR
HOW TO BEAT YOUR NEGATIVE
MINDSET AND WIN IN LIFE

内在自信

如何战胜形形色色的
畏惧心理

［英］曼迪·霍尔盖特◎著
（Mandie Holgate）
夏安福◎译

人民邮电出版社
北　京

图书在版编目（CIP）数据

内在自信：如何战胜形形色色的畏惧心理 / （英）曼迪·霍尔盖特（Mandie Holgate）著；夏安福译. -- 北京：人民邮电出版社，2021.1
ISBN 978-7-115-54954-9

Ⅰ. ①内… Ⅱ. ①曼… ②夏… Ⅲ. ①情绪—自我控制—通俗读物 Ⅳ. ①B842.6-49

中国版本图书馆CIP数据核字(2020)第185022号

内 容 提 要

获得内在自信的障碍之一是——畏惧心理。畏惧是我们经常面临的情绪，但并非所有的畏惧都会把你吓得直冒冷汗、惊声尖叫，有些畏惧会隐藏在暗处，伺机控制你甚至阻碍你采取行动、成就自我；还有些畏惧每天都出现在你的脑海里，悄悄化身为你早就习以为常的内心的声音。

这些畏惧常常表现为负面情绪、负面结果和消极行为——害怕暴露真实的自我、害怕变化、不善于寻求帮助、没勇气拒绝他人、害怕当众演讲、不愿意打电话、太在意别人的想法、无法从工作中抽身，甚至不相信自己能成功，等等。

本书具体介绍了12种阻碍我们获得成功的畏惧心理，身为商业教练的曼迪·霍尔盖特基于其丰富的指导经验和案例，提供了实用的行动框架，包括战胜畏惧心理的练习、技巧、策略、行动建议以及结果。读完本书，你将学会辨别哪些行为会对畏惧心理推波助澜，主导你的生活和工作；而哪些行动能帮你摆脱它的纠缠，获得持久的内在自信，进而离成功更近。

◆ 著　[英]曼迪·霍尔盖特（Mandie Holgate）
　　译　　夏安福
　　责任编辑　田　甜
　　责任印制　彭志环
◆人民邮电出版社出版发行　北京市丰台区成寿寺路11号
邮编 100164　电子邮件 315@ptpress.com.cn
网址 https://www.ptpress.com.cn
北京天宇星印刷厂印刷
◆ 开本：880×1230　1/32
印张：7.5　　　　　　　　2021年1月第1版
字数：150千字　　　　　　2025年10月北京第20次印刷
著作权合同登记号　图字：01-2020-3745 号

定　价：59.80元
读者服务热线：（010）81055656　印装质量热线：（010）81055316
反盗版热线：（010）81055315

越自信，越无畏；越无畏，越强大。只有我们与自己的畏惧心理与负面情绪和解，才能获得把工作做好、乐在其中、夺回生活的掌控权、享受工作之中和工作之外的生活的内在动力，为成长赋能。

——北京大学法律学硕士、《超级演说家》总冠军、

福布斯 u30 精英、媛创学堂创始人

刘媛媛

怕当众演讲，怕给陌生人打电话，怕被拒绝，每个人的生活中都会面对太多畏惧、犹豫和彷徨的瞬间。其实真正的自信源于你的内心力量，推荐《内在自信》这本书，愿每个人都可以向内探索，获得自我精进的原动力。

——掌阅内容营销负责人、读书博主

都靓

自信不是不胆怯，而是尽管你感到胆怯，但仍能迎难而上。本书是一本教人如何拥有真正自信的指南。这些实用的方法和技巧不仅会帮助你变得更强大，还会指引你迈上心智成熟的旅程。

——中国科学院心理研究所副教授、

中国心理学会心理危机干预工作委员会秘书长

黄峥

畏惧和贪婪是人性与生俱来的两大弱点。这本书把人们普遍畏惧的12种常见场景，按"畏惧—示例与练习—行动—结果"进行结构化解析，具有很强的实操性，学了就能用，特别适合职场人士重塑内在自信，值得一读。

——书享界创始人、华为原中国区规划咨询总监

邓斌

《内在自信》能将那些隐藏的、伪装的、难以被察觉的但时刻阻碍你成功的畏惧，充分地挖掘出来，同时引领你去认识、突破、驾驭它们，让你有勇气站在自信城堡的制高点战胜畏惧，获得更多迈向成功的智慧、激情和方法。

——首都经济贸易大学人才系主任、中国人力资源开发研究会
人才测评分会副会长
徐斌

　　自信不是与生俱来的个人优势，它是可以习得的，并且可以内化成持久的内在优势。害怕失败、不敢当众发言、害怕暴露自我、不敢开口要自己想要的、不敢说"不"、害怕变化，等等，都是阻碍你变得自信的畏惧心理。你可以从本书中发现行之有效的策略、技巧和工具，与内心的畏惧对话并掌控它！

——精读主编
飞白

如果你不希望给自己贴上"没成就感""没情绪""没目标"的标签，如果你渴望获得工作和生活带来的满足感，那么一定要从《内在自信》这本书中寻找改变之道，找到并战胜一切阻碍你获得成就的畏难情绪和消极心态。

——行动派 DreamList

本书能帮你取得进步、获得灵感、建立自信。本书提供了完善、实用的行动框架与建议，让我们能够应对畏惧心理，进而大大提升成功的概率。

——经济增长官
迈克·史密斯（Mike Smith）

这部作品充满了激励和鼓舞的力量，让你以新的眼光审视自己面临的畏惧心理，引导你采取相应的行动去克服它们。

——励志演讲家
奈杰尔·里斯纳尔（Nigel Risner）

本书称得上是一本完美之作，它提供的都是实用的技巧、建议和策略，可以帮你清除畏惧心理，踏上成功的坦途！

——莎拉·赫尔利公司董事

莎拉·赫尔利（Sarah Hurley）

本书没有虚饰，没有术语，简单易读，帮助你摆脱那些妨碍你事业发展的畏惧心理并且战胜它们。

——The Suffolk Wedding Show 常务董事

梅丽莎·狄金森（Melissa Neisler Dickinson）

如果你渴望掌控自己的生活，并且想立即开始，那么这本书就再合适不过了。曼迪是个了不起的人，她帮助许多人摆脱了阻碍他们成功的问题，并帮助和支持他们建立自信，实现自己的目标。一旦学会看穿畏惧以什么样的假象示人，人们就能够更容易地实现其目标、梦想和抱负。战胜畏惧所需要的窍门、工具、策略和技巧，本书中应有尽有。

——人生导师、励志演说家和畅销书作者

皮特·科恩（Pete Cohen）

曼迪帮助我实现了梦想，我衷心地感谢她激发了我的活力——不仅点燃了我的激情，还把它变成了一个成功赚钱的生意。

——SecretSurgery 执行董事和创始人

安吉拉·舒艾卜（Angela Chouaib）

有时候，我们费点时间才能够意识到，有些人有特殊能力，让我们相信自己，把这种信念与我们最高理想绑定，去实现那些可行的目标。

——普瑞米尔酒店项目经理

乔 – 安妮·斯图尔特（Jo-Anne Stewart）

目录

自信 3

相信自己能成大事

| 你有什么理由认为自己一辈子都注定失败？ |

自信 8
勇敢拿起电话

与其他畏惧心理一样，我们不敢打电话的最大原因是，我们不够自信。

自信 9
学会提问

如果不要求，你就得不到！

自信 10

停止揣摩他人的想法

> 跟别人的想法较劲所带来的麻烦是，你完全沉溺于揣摩别人的想法，对自己的事情根本无暇顾及。

自信 11

敢于争取自己想要的东西

> 虽然我们不能一直掌控我们在职业生涯中会得到什么，但是我们可以控制自己如何做出反应。

自信 12
安心享受假期

> 成功需要愿景、自我信念、目标、专注和行动，有时候同样需要有暂停工作的自信。

结语

- "我不能拒绝，我害怕拒绝后会导致不好的后果。"
- "我怕别人说三道四。"
- "我可不能让人发现我的真实想法，那简直太可怕了！"
- "我可做不到！"

在生活中，这类畏惧总是让我们措手不及。要想成功，你必须想方设法与畏惧较量，找到其藏身之所并消灭它。

小时候，总有人牵着你的手，鼓励你前进，给你打气，指引你行动，并帮你找到前进的方向。但是，长大后，我们很容易裹足不前、拖拖拉拉、懒懒散散，而且安于现状。此后，任凭畏惧掌管一切，你曾经踌躇满志渴望赢在职场的动力荡然无存。

在写这本书并认真思考"畏惧究竟在多大程度上阻碍我们成功"这一问题之前，我本以为，我周围的大多数人真的是无所畏惧的。然而，回想一下，这些年来，在我的指导和帮助下，我的客户在个人生活和职业生涯中，都得到了他们想要的结果。通过分析这些客户，我意识到，在实际生活中，畏惧对人们的成就能产生重大的影响。

所以，我推断，如果有人就这一内容出一本严肃、易读的书，那真是再好不过了！这些内容会以比红酒渗入地毯还要快的速度进入你的脑海，让你在潜意识里接受这些绝妙的想法，帮你战胜暗中阻碍你成功的畏惧心理。

在你告诉我你是个无所畏惧的超级英雄，不需要读这本书之前，让我先告诉你，曾经有很多成功的企业家坐在我的面前，突然意识到，实际上他们也在不合时宜的场合"隐藏"了自己的畏惧，也许是在电子邮件的背后，或者是在每一句"我很忙""我还有很多其他事情要做"的背后。然而，真正让人害怕的是，畏惧会悄无声息地入侵你的心灵，侵蚀你的成就。所以，为了获得成功，这本书绝对值得你花时间来细细品读。

接下来，就让我们一起度过真正有意义的时光吧！为了不浪费你的宝贵时间，下面是正确阅读本书的建议。

无论是一对一指导，还是在大教室里面对数百名学员，我都会预先设置任务。你会把精力用在生活中紧要的事情上，对吧？因此，在每一章，我都承诺：

- 不使用难懂的术语；

- 提供真正的干货；
- 提供真正的解决之道以提高你成功的概率并改善你的生活。

作为回报，我只要求，如果我布置了少量的任务，请你认真完成。在此，我做一个假设，那就是你们都：

- 非常忙；
- 应付着各种最后期限；
- 要参加社交应酬，不希望工作忙得不可开交，想让自己以及心爱的家人过上心满意足的生活。

因此，考虑到这几点，我的任务就是，保证我布置的任务能很好地适应大家忙碌的生活。所以，每读完一章之后，劳驾完成作业吧！

本书的作用以及如何阅读本书

本书结构清晰，每章都包括畏惧类型、示例与练习、行动以及你预期达到的结果，从而帮助你战胜畏惧心理，获得内在自信。为了方便你的使用，同时让本书发挥应有的作用，你需要行动起来并做练习。我创造了一个小巧的缩写：FEAR（畏惧）。

- F（Fear）：畏惧
- E（Examples and Exercises）：示例与练习
- A（Actions）：行动
- R（Results）：结果

每章第一节：畏惧

并不是所有的畏惧都会挥舞着胳膊喊着："喂！我就是畏惧恶魔，我要摧毁你工作上的成功！"有些畏惧深藏于你的潜意识里，你感觉不到它正在阻碍你的成功，你很难察觉到这种畏惧的真实面目，所以，除非你有幸遇到一位教练，否则你将错过"我发现了"或"恍然大悟"的那一刻。在这一刻，客户对我说："我简直不敢相信，畏惧心理一直在阻碍我成功！"成功之路，障碍重重，意识到障碍的存在，应对起来就会事半功倍。所以，在每一章的开头部分，我们将探讨畏惧心理的种种形态，它怎样出现并阻碍我们获得成功，以及它带来的影响。

每章第二节：示例与练习

如果你没有时间读完整本书且过得不太如意，或者因要做重要演讲或面临新的挑战而提心吊胆，抑或是你的成功面临挑战，那么通过他人的经历，你将看到畏惧是如何在生活中呈现的，从而更好地了解畏惧如何藏身于你自身的成功背后。这样，你不用阅读整个章节，只需要翻阅本节内容，"赶紧吃上一口"以渡过眼前的难关。然后，你可以回过头来阅读本章其余内容，将此类畏惧彻底从你的生活中根除。

本书的练习部分就是我给客户做培训的主体内容，这些练习可以帮助你真正理解什么是自然的思维、工作和学习方式，以及你的理想生活是什么样子的。同时，我将为大家展示一些需要你付诸实践的想法，让你自己去验证。这些就是我迫不及待要与你们分享的精彩内容了！

每章第三节：行动

与人探讨人生目标固然很好，意识到自己的不足也很棒，但是不行动终究没什么用。每章的行动部分将帮助你加强练习，保证你能真正付诸实践、行动起来，从而提高成功率，保持前进的动力。

每章第四节：结果

在这一节，你将了解只有采取行动才能看到预期的结果，而你如果继续原地踏步，结果则会令人不安。清楚自己赞成什么，是你采取行动的强大动力。所以，在每一章的最后，我会探讨，如果你对这种畏惧置若罔闻，你将陷于何种困境。

整本书的闪光点就是，如果你只是因为害怕当众发言，或者过于在意他人的想法，才拿起本书，这也没关系。你已经读过本书的引言，明白了本书的原理，那就开始阅读吧！你需要阅读第一章，这一章有非常有趣的练习，它们会改变你的生活，并有助于你更好地运用其他章节的内容。然后，你可以按照自己的需要，阅读相关的章节。在你阅读自己所需的章节时，你可能会意识到，畏惧很会隐藏。畏惧各不相同，并不是所有的畏惧都是大怪物，在你每次走出家门的时候吓唬你。虽然有些畏惧每天都出现在你的脑海里，但是它已化身为你早就听惯了的内心里的声音，你对其早已习以为常。这时，你需要回到第一章，查看一下这些畏惧是否潜伏在某处，阻碍你获得成功。

亲爱的读者，请你们做到以下几点。

- 做练习。也许阅读本书是你临睡前最后一件事情，也许上班让你疲惫不堪，或者你向往不同的生活且急需破解之道，我郑重承诺，本书内容简单易行，因为我知道读者们都日理万机，想要简单易行的方案。

- 不苛求自己。我们都对他人宽厚，而对自己苛刻。翻开这本书，就好比你找到了一名教练，其以一种你前所未闻的方法帮你改进。在更深的层次上，这会实实在在地帮你提升成功率。但请记住：通过训斥来达到目的是不起作用的，所以也不要这样对自己。

- 相信自己可以变得更好。通过本书，我会帮助你实现这一目标。现在就让我们开始吧！

自信 一

敢于展示真实的自我

畏惧：害怕说出自己的真实想法

说出自己的真实想法，怎么就变成了令人畏惧的事情了呢？事实上，因为生怕得不到认同，我们通常会隐藏自己的欲望、真实面目，甚至个人爱好。而这些为什么会成为影响你获得成功的问题呢？因为如果你不能诚实地说出你喜欢待在家里享受假期，你喜欢猫，你有几个点亮你生活的孩子，你喜欢飞机模型，你喜欢针织，或者你一直想乘坐东方快车，那你又怎么会跟人说实话，告诉他们，实际上你不想进入董事会，或者实际上你特别想进入董事会。

同样，如果你总是心里犯嘀咕，犹豫不决，害怕自己被识破，那么，即使你得到了自己想要的，你又怎么能够保住它们？

在探讨获得成功需要面对的真正挑战之前，我们应该先明确自己在生活中想要什么。许多人难以获得他们认为真正重要的成功，原因之一就是，他们追求错误的目标。换句话说，他们在追求外界和他人给他们设定的目标和抱负，而不是自己的内在价值、激情和愿望。

如果我们想要了解获得成功所面临的真正挑战，那就需要先了解自己想要什么样的生活。

在职场中，你想得到最高职位；如果你经营着自己的企业，你希望建立一个"全球帝国"，将分公司开遍世界各地。每个人都想成为百万富翁。

如果你想要的是真正的成功，你就需要自信并简明扼要地说："我就是想要这个！"并且不能太在意他人的想法。然而，不在意他人的想法，说起来简单，但做起来很难。为了获得成功，你不能与真实的自己作对。你需要学会不再伪装自己，不再一味地迎合他人的需要，不要在意别人认为你应该是什么样子。

当事情与你的初心不符时，它就会阻碍你获得成功。你发现自己处于这样一种境地：做着不想做的事情，从事着不喜欢的工作，实现了目标却毫无满足感，而且生活乏味，没有激情和热情。在社交媒体上发帖子说"再过五天就到周末了"的那些人，可能正在与真实的自己进行斗争。他们一周上五天班，从事着平淡无奇的不能带来成就感的工作。他们赚点钱存在银行里，仅此而已。

从早上睁开眼直到晚上睡下，我们一直在接收各种信息。就是在上班路上，也是如此。可以说当今世界到处都是感官的盛宴。你知道世界另一端的某个人是正坐在海滩上吃木瓜，还是靠在游艇上喝燕麦粥。你可以观看视频，惊叹于有些人的通勤方式，或者羡慕人们在世界上最美丽的地方工作。在互联网世界中，总有人比你所拥有的东西更多、更好，例如更好的车子、更大的房子、更大的电视、更多的鞋子、更浓密的头发、更多的钱，等等。作为消费者，我们不断地被操控着去购买、相信和渴求。太可怕了，对吧？难怪，你不知道自己在追求什么样的生活。有时候，你甚至都意识不到生活如此单调乏味，只能被迫随波逐流。

作为消费者，我们受人摆布，去购买、去相信、去渴求。

示例与练习

示例：谁想拥有一辆法拉利

许多次我问场下的听众："在座的谁想拥有一辆法拉利？"你认为我会得到什么样的回应？

是在场的人纷纷举手，还是稀稀拉拉地说着"我想要"？你期望出现什么样的结果？

以我的经验，举手的人就那么一两个。然后，我又问小心翼翼地把手举到耳朵高度的两个听众："如果你真的想要法拉利的话，为什么不像你六岁时那样，把手高高举起，从凳子上火箭般跃起，迫不及待地告诉老师，你知道答案。"

当你特别想要一辆法拉利时，这就是一种热情、一种内在的动力，它让你神魂颠倒，在你看到这个词、听到这个词或者看到图片的那一刻，你就热血沸腾、激动不已，想要了解更多的信息。

我从没有见过上述那样激情四射、激动不已的听众，说着：

"哇！我一眼就看中了，再不让我说，我都要憋疯了。"

你需要找到人生目标，找到自己的内在动力，找到做真实自己的信心，自信地追求目标。看看什么能让你活力四射，在你读到这句话的时候，你能够感觉到自己的心跳加速，面带笑容，变得心猿意马，开始对结果想入非非。这就是激情、目标。更多的时候，为了迎合他人，我们隐藏自己的真正需求和真实面目。结果就是，我们只是实现了别人想要的结果。

你需要找到人生目标，找到自己的内在动力，找到做真实自己的信心。

有一次，我指导客户做本章中提及的练习。爱好比自己的伴侣更加重要，这个观点让他们无比惊骇。经过通力合作，我们发现，客户没为自己最重要的事情付出任何努力，也没有为自己至关重要的兴趣爱好付出时间与精力。那些让他们活力四射的内在动力通常被他们忽略和漠视了。只有意识到重要事情的价值，他们才能做出小小的改变，而这小小的改变就能对生活的方方面面产生重大的影响。这不是一种非此即彼的情景，这不是指他们不爱自己的伴侣这类问题。这是事关意识到成全自己的那些价值，如果不重视这些重要的事情，他们就不幸福。实际上，这会对他们生活的方方面面产生决定性的影响，甚至影响他们的工作。

通过这本书你会看到，畏惧不仅会在三更半夜尖叫着扑向你，吓得你整晚睡不着觉，有些畏惧很难让人觉察，甚至我们可能都不知道还有这样的畏惧。我认为，在某种程度上，这类畏惧更加可怕。因为如果你意识到畏惧的存在，你至少可以加以防范，如果你都不知道其存在，你又怎么能够防患于未然呢？

练习：价值观练习

本书的第一个练习对于自我认知来说至关重要。这个练习不仅能帮你自信地谈论自己是什么样的人，还能让你明确自己的人生目标以及如何实现这个目标。

我们先找到你最重要的事情吧！

要做到这一点，你不需要明白什么是完美的生活，只需要在着手弄懂外部世界之前，先思考一个问题：对你来说，什么最重要？

对你来说，什么最重要？

我在前面说过，本书中有一些任务和练习。其中的一个练习，我每天都在使用。这一练习改变了无数客户的生活，在一瞬间，你永远地改变了想法。所以，赶紧拿起纸和笔。这是整本书中为数不多的几个需要你做出点努力的练习之一，但我向你保证，这个练习特别有趣，发人深思，并能实实在在地改善结果。

实际上，昨天我刚指导客户做了这个练习，他花了不到一个小时的时间就解决了困扰了他多年的问题！

第一，花点时间想一下，哪些事情对你来说很重要。这是一个私密的清单，你不需要与任何人分享，也不必为你的选择辩解。如果你将你的孩子而不是你的伴侣列入清单，这也是你的选择，不会有人据此评价你。这仅仅表明，你认为在这个世界上，哪些事情对你来说是最重要的。参照下面这个清单，列出 10 个重要事项。你也可以选择清单里没有列出的项目，你可以想写什么就写什么。

例如，对我来说重要的事情是事业、度假、家庭、成功、朋友、金钱、爱好、文化、工作、休闲、体育运动、健康、锻炼、社交、金融、写作、园艺、读数、音乐，等等。

创建类似于下面的列表，在每一个框内填入你认为重要的事项，随机排列即可。

项目	得分
家庭	
度假	
娱乐	
工作	
助人为乐	
旅游	
写作	
散步	
社交	
金钱	

第二，逐项进行对比。例如，如果你必须做出选择，你的生活是离不开家庭还是离不开度假？如果你的生活离不开家庭，家庭得 1 分，度假得 0 分。你的生活离不开家庭还是离不开娱乐？如果离不开娱乐，娱乐就得 1 分，家庭得 0 分。以此类推。这不是让你反思家庭生活，你不必感到愧疚，因为这只是写给自己看的私人文件，它将帮助你找到对你来说重要的事情。如果你给家庭打了 0 分，并不代表家庭对你来说不重要，这只是在全局层面上，找出对你来说重要的事情。所以请你记住，不用愧疚，如实填写，跟着感觉走，实话实说！

项目	得分
家庭	1
度假	0
娱乐	
工作	
助人为乐	
旅游	
写作	
散步	
社交	
金钱	

第三，继续比较下一栏的娱乐和家庭，然后是工作和家庭，而

后是助人为乐和家庭，以此类推。切记，使用自己列出的 10 项进行比较，而不是使用我给的示例。将你列出的 10 项逐条进行对比，最终，你会得到类似下面这样的一个表格。

项目	得分
家庭	1+1+1+1+1+1+1+1+1=9
度假	0+0+0+0+1+1+1+1+1=5
娱乐	0+1+1+1+1+1+1+1+1=8
工作	0+1+0+0+1+1+1+1+0=5
助人为乐	0+1+0+1+1+1+1+1+1=7
旅游	0+0+0+0+0+0+0+0+0=0
文化	0+0+0+0+0+1+1+1+0=3
散步	0+0+0+0+0+1+0+0+0=1
社交	0+0+0+0+0+1+0+1+0=2
金钱	0+0+0+1+0+1+1+1+1=5

第四，借助这些信息，你可以了解自己的价值观。例如在本例中，这个人的重要价值观为家庭、娱乐和助人为乐，因为这三项的总分分别为 9 分、8 分和 7 分。

尽管了解影响自己生活的十大价值观是十分重要的，但是前三个价值观对你来说是最重要的。在这个例子中，工作、度假和金钱都得了 5 分，所以它们的重要性低于家庭、娱乐和助人为乐。然而，意识到它们的价值并把它们也考虑在内是很重要的，因为它们具有真正的生活价值。这就意味着，在生活中，此人偶尔需要意识到并尊重这些价值。例如，想要添置一个大件物品，他需要明白的是，自己必须先努力工作才行，但是假期也是不可或缺的！

是的，说"这些对我很重要"是一件可怕的事情，但是你需要从别处着手，对吧？

你是否注意到，有些人的生活好像黯淡无光，他们似乎失去了动力；而另一些人看起来光芒四射、容光焕发、充满活力。

这个练习的结果总会让我们大跌眼镜。有时候，我们会发现，曾经以为是终生价值观的东西，在重要性列表中的排名却比较靠后。意识到这一点，我们就能够过上心满意足的生活了。

我十分理解，如果你完成了练习并发现结果出人意料，你会感到无比惊讶。然而，最重要的一步是，准备好仔细审视一下，看看对你来说真正重要的事情是什么。从今天开始，请抽出 10 分钟的时间做这个练习，然后看看结果，思考这对你来说意味着什么。

人们曾经以为是终生价值观的东西，在他们的重要性列表中的排名却比较靠后。

如果你切切实实地做了价值观练习，那么请思考，你觉得对你来说重要的事情完全符合你的现状吗？

你是否对你的生活感到自信和满意？例如住在中意的房子里，开着称心的汽车，在心仪的地方上班，与志同道合的人共事，从事着理想工作，有着巨大的影响力，等等。你是否觉得周围有完美的人在造就和成全你？你是否觉得每天持久不变的幸福和欢喜是一种欢愉和上天的恩赐？

如果你回答是，那很好，而且你的畏惧肯定是比较明显的。但是，我不会跳过那些章节。在我看来，尽管有些内容我已经滚瓜烂熟了，但我还是很乐意再学一遍，因为每一次我都有新的发现，体会到学无止境，百尺竿头，总能更进一步。

反之，如果你回答否，你认为生活中缺少了什么呢？

行动：说出"这对我很重要，这就是我想要的"

我的任务是帮助你找到内在自信，克服这种畏惧心理，即真实的你不得不隐藏对自己来说重要的东西。真正的你很完美，如果你想成为真正的人生赢家，你需要知道完美的自己是什么样子的。这样，你就可以对自己的需求、愿望和激情引以为豪并充满自信。无论遇到什么事情，你都可以问自己："这符合我的价值观吗？"养成自问自答的习惯将是一件好事。

如果你环顾四周，发现环境和情况都理应让你生活幸福，而你并没有感觉到幸福，这也许是因为你的畏惧之一就是畏惧成为你自己。这在 21 世纪的今天早已是司空见惯的事情。有勇气且自信的人才会说"这对我很重要，这就是我想要的"。在生活中，人们通常得不到自己想要的结果，其中一个原因就是，他们不敢向世界透露他们到底想要什么。

在获得了自己想要的东西之后，知道了什么对自己来说很重要将能帮助你提升自信。你可能还需要其他章节内容的支持和帮助，然而，坚信"这就是我"，你就能够自豪地说"这对我来说很重要"。

如果你想真正地取得成功，你需要做好准备，说"我就是这样，这对我来说很重要"。在本章的结果部分，你会发现，通过设定与你的价值观共鸣的目标，你就可以实现目标。你可以专注于自己想要的东西，忽略畏惧。回答下面这些问题并设计你自己的问题，不要设限（读这本书，你会发现，每一章都有很多技巧、策略和练习，它们会真正帮助你增加获得成功的概率）！

- 你想坐拥一个全球帝国吗？
- 你想进董事会吗？
- 你想进家委会吗？
- 你想加入社区合唱团吗？
- 你想去本地商店工作吗？
- 你想成为畅销书作者吗？
- 你想拥有一架自己的喷气式飞机吗？
- 你想成功地经营自己的企业吗？

- 你想建立一家慈善机构吗？

- 你想在足球场一展歌喉吗？

除了你自己之外，没有人有权告诉你你是谁。况且，就算你不给自己下定义，这世界也会自然地给你下定义。花点时间，想一想如何回答这些问题吧！

结果：获得内在自信

如果你的现状及生活中对你很重要的事情让你自信并内心强大，从某种程度上说，这会让你感觉良好。你会经常笑容满面。还记得在本章开头，我问大家"谁想要一辆法拉利"吗？

如果你的现状及生活中对你很重要的事情让你自信并内心强大，从某种程度上说，这会让你感觉良好。

你想要什么？本章行动部分的内容让你产生了怎样的想法？很多时候，我们目光呆滞，在这个问题上随波逐流。我在高级班开展培训时得到的答案通常是：

- 周游世界；

- 无贷一身轻；

- 一个全球帝国；
- 一辆跑车；
- 家财万贯。

但是在我继续追问他们时，他们却说不出确切目标。

例如，一名女企业家告诉我，她想挣更多的钱。然后，我追问她："挣多少钱才叫多？"

"哦，你知道，很多钱啊！"她说。

"很多是多少？"我问道。

她坐在那里，你可以看到她在认真思考这个问题。其他的学员都看着她，有几秒的时间，他们在好奇她在想什么。然后，我意识到，他们也在开动脑筋，重新审视自己的目标，深入挖掘自己到底想要什么。

在她陷入沉思时，我能看出来，她内心在挣扎。然后我们进行了以下对话。

我："你要这么多钱的目的是什么？"

她："嗯，我想度假。我有 5 年时间没有休假了。"

我："好啊，你想去哪里呢？室内还是户外？"

她："户外！"（她激情洋溢地说，我们有些进展）

我："你想住套房还是有漂亮阳台的客房？"

她："我们不需要套房，我们不会在屋里待太长时间。"

我："你只要这样的假期吗？"

她："当然不是了，我想带全家人去葡萄牙度假。"

我："多久？"

她："只要一周，我不喜欢时间太长的旅行！"

这样，该女士就能够描绘出她希望挣多少钱以及如何支配这些钱的一幅画面，并真正建立起生活激情。要是她没有腾出时间，弄清楚自己想要什么，她无疑会给自己设定一个不符合自己真实愿望的目标。如果她随波逐流，受某些因素和社交网站的影响，她可能会设定一个目标，以为自己需要的是私人飞机和在法国南部的别墅里度过 6 周的假期。这个目标好像不能使她随波逐流的船浮起来，并且看起来也不可行。

后来我很欣慰地看到，这位企业家把她在度假时拍摄的照片上传到了 Facebook。

正如我们在该示例里所看到的，若想生活中有所成就，你就需要有明确的目标。你有什么样的价值观，就会有什么样的目标。这就是你取得成功的基石。

若想生活中有所成就，你就需要有明确的目标。

同时，我也看到，一个人如果不能以自己为傲，就会影响其成功。

有些人不愿意在职场上透露自己已经为人父母，有些企业管理者正在伤害自己的身体健康、家庭生活和企业发展。好像通过否认这一现实，就能保全自己或自己的企业似的。好像有孩子就是犯了大罪，而这将会给他们正在成长中的孩子传达什么样的信息呢？他们在扮演着什么角色呢？

通过我们一起努力，我的一位客户终于意识到，凭空筑起一道隔离墙简直太荒谬了。即使面临客户流失的风险，那也没什么，因为客户们已经习惯了每天 24 小时可以随时与这位企业管理者沟通，但是这个企业管理者已然明白，是和这些客户继续"纠缠"在一起，还是向前发展，寻找尊重自己的客户，其实是自己的选择。而目前这么做是挺可怕的，感到害怕也合情合理，但是，通过适当的支持和正确的行动，此人可以换一种全新的思维方式，重塑信仰，尊重自己的核心价值观，树立一些可以让个人生活和职业生涯更加幸福的目标。

我所说的都是经验之谈。我患有自体免疫性疾病，现在我说出来，并不是想博得同情。我和你们分享这件事是因为在躺在床上哼哼唧唧一年半之后，我在 2013 年重新开始工作。我暗自思量："我是冒着失去工作的风险，坦率告诉别人，我只能做兼职工作，还是隐瞒自己的工作能力呢？"作为一名教练，我很清楚，人们往往口是心非。我知道，假如我承认身患这种疾病，真正的风险就是，商务人士会把我当成弱者（根据我的经验，有些人肯定会这样想）。

我想要试试那个真实的我的极限所在。当然，我不是机器人，但是，我们都需要逼迫一下自己。作为一名教练，我觉得重要的是，我知道我的客户经常感受到的真正的畏惧是什么样子的。多年来，我已经学会了克服人生中的诸多畏惧的有效方法。只有通过逼迫自己，我们才能够不断成长，成就更好的自己和更美好的生活。

自从身体不适以来，长途飞行度假对我已经没有吸引力了，欧洲房车度假就足够让我乐翻天了。在国际知名全球企业家活动期间，我告诉每个人我热爱房车度假，同时，我还是一名病歪歪的企业管理者。后来，许多人过来跟我搭话，向我咨询、进行预定和寻求合作机会，我得到了很多好评，和以前一样。是的，展示自己真实的一面是一件可怕的事情，但是我别无选择。这就是终生幸福快乐的不二之选。

你会不会或能不能也这样做

许多研究表明，从众心理通常能战胜我们自己的看法和价值观，因为不想挺身而出、大胆发言，所以人们不会在人头攒动的场合捍卫他人。如果你能够找到自己的价值观，信心百倍并以此树立目标，那么你就会知道，你的行动是正确的，并且会带来自己想要的结果。你有可能会发现，自己处于一种可怕的境地，但是，你相信自己无论如何都能挺过去，因为你预期的结果远比畏惧重要得多。这听起来是不是很有意思？

找到自己的力量和内在自信，坚持本真，这样无论你在哪里，无论谁问你，你都能够在生活中得到自己想要的结果。

但是，我是个轻率且贫嘴的人。我并不介意承认，在这之前，我也怀疑，我这是在自毁前程，承认自己热爱房车度假，承认自己需要休息治疗，让我感受到了畏惧。

好多次，我问我的丈夫，他愿不愿意听我演讲。我也让我十几岁的孩子耐心听我演讲（对十几岁孩子来说，可以肯定地说，听妈妈讲一个小时确实是对耐心的考验）。

我需要问问那些对我的工作持坦率批判态度的人持有什么样的想法，他们了解我的目标受众，而且不会只说"这很好啊，亲爱的"。多年来，我可以从亲密的家人那里听到这样的想法。

我和我的孩子们有个约定。在他们让我看他们的作业时，我会问他们：你们是想要第一种回答——"这太好了，亲爱的"，还是想要第二种回答——真实的看法？孩子们最棒的一点就是，他们不选择第一种回答。他们总是选择第二种。孩子们不太会说漂亮话。所以，如果我拿我的评价来碰运气的话，孩子们会告诉我！

如果你想实现自己的远大目标和梦想，你选择的方向应该与屋里其他人的方向截然相反。

如果你想实现自己的远大目标和梦想，你选择的方向应该与屋里其他人的方向截然相反。在英国，我们看到，自主创业的人大幅增长。被授予大英帝国勋章的朱莉娅·迪恩（Julia Dean）的一项研究表明，女性自主创业人群的增长尤为迅速。自 2009 年以来，自主创业人群整体增量的一半以上为女性。但是这条道路并不是坦途，相反，这条路充满了畏惧和风险。选择自主创业的女性往往会错过进入董事会、晋升为富时指数公司高管以及被提拔为 CEO 的机会，为什么呢？是因为女性觉得这些不可企及，所以就退而求其次了吗？是因为女性需要接受培训才能晋升高层吗？或者是越来越多的人正在重新定义成功、目标和理想？

休陪产假的男人并没有增加多少，尽管国家已经做好准备应对缺少男性工人带来的恐慌。为什么呢？

这个迹象是不是表明，人们不敢为生活中特别重要的事情大声辩护？这对成功有什么影响呢？快乐的人才是快乐的好员工，类似的话我们听得越来越多。当今社会的生产力与 1960 年相比并没有提高多少，而我们却比从前忙碌了不少。所以，我们必须做出改变。你准备好参与其中了吗？

而要参与其中，有时候，你得先告诉这一屋子人，你开的什么车。

虽然可怕，但是绝对值得做！

快乐的人才是快乐的好员工。

你觉得自己需要衡量别人的意见，你可能仍然觉得不敢开始。但请记住，积极行动会带来更多的积极行动。若受自己的惰性和反应迟钝的影响，你将坐视这种畏惧趁机坐大并每况愈下。有时候你虽然了解了自己的价值所在，并且知道了自己的爱好和初衷，但畏惧仍有可能成为一个破坏因素，阻止你采取行动和成就自我，让你与自己想要的结果渐行渐远。

想要采取必要的行动，你需要不忘初心。如果你连自己的价值观都不尊重，什么结果会让你欣然接受呢？所以，请你扪心自问以下问题。

- 如果我不能认清自我，如果我不准备坚持自我，那么我会欣然接受什么呢？
- 如果我不尊重真实的自我和自己的价值观，什么会让我欣然接受呢？

回忆一下价值观练习和你认为对自己来说重要的价值观。你同意哪些价值观是生活中不可或缺的呢？哪些是可以牺牲的呢？并问自己以下问题。

- 如果我继续原来的生活方式，不尊重自己的价值观，这会对我的生活产生什么影响呢？
- 这对我热衷的事物有什么影响？

确实，要成为自己想要成为的那种人，是一件可怕的事情，但是更可怕的是，隐藏你打算成为的那个人。还记得我前面说过，你需要找到类似于渴求获得某样东西那样的激情，例如特别想要一辆法拉利。你需要的就是这种感觉，就像你急切地想知道上述问题的答案一样。老实说，不付诸努力，你就很难实现自己的雄心壮志，这基本上就意味着，你可能卡在第一章。

实际上，我对读者和客户一视同仁，都真心付出，并相信他们可以看到自己想要的结果。但是，最终还得靠行动。并不是所有的行动都要耗费很长的时间才能完成，例如榨果汁和爬山就很简单。你要做的大事就是，明白你能够选择自己的想法。

你可以让畏惧主导你的生活，也可以分门别类地了解每种畏惧，看看其作用和原理，以及它们对你的生活产生哪些影响。用此书来见招拆招，得到自己想要的结果。所以，如果你踏踏实实地完成了第一章的行动，那我们就可以继续前进，设定一些了不起的目标了！

现在，我敢肯定，这会吓你一跳！不用担心，我们会一起努力的！

自信 2

拥有笃定的目标

畏惧：不敢设定目标

我从小就为设定新年目标这件事抓狂：那个大人物（圣诞老人）刚刚从烟囱里来过没几天，屋里仍旧堆满了糖果和礼物；这个时节，天气也最糟糕，除了睡觉，我什么也不想做。电视里面还在说，我们应该设定目标，减肥，健身，雄心勃勃地投入工作，到复活节，实现晋升目标。

还有一些人会把目标强加给我们，让我们从小就根基不稳，例如老师。对不住了，老师们，但是你们确实是这么干的！听到我说不打算读大学，老师对我嗤之以鼻，满脸失望。那就是老师为我树立的目标，这与我的个性格格不入。他们完全没有意识到，我腼腆到都不敢问最近的卫生间在哪里，更别提去做公开演讲了。

不要想当然地认为，吵吵闹闹的小孩子肯定很自信，因为我就是一个不折不扣的反例。我们树立生活目标的方式可谓稀奇古怪。我们的目标，很多是由那些只会教书却没有任何其他经历的教师树立的。让我深感担忧的是，在 21 世纪的今天，我们的学校仍旧很少传授实现目标、调动积极性或树立信心的方法。

即使是现在，我的孩子们放学回家，还是会指着试卷上的成绩，告诉我学习情况。幸运的是，在家里，我鼓励他们思考自己想获得什么样的感受、想去哪里以及想干什么，而不是他们想上哪所大学，以及想挣多少钱。记住，金钱对你来说可能是一个核心价值观，但是对我或我的家人来说，金钱不是核心价值观。根据自己的兴趣爱好选择职业，真正获得成功的概率要大得多。那么，知道了什么能够激起你的兴趣并让你充满活力，接下来怎样才能实现梦想呢？答案是：目标。

问题可能在于人们树立的目标太吓人，例如"我今天要在高速公路上赤身散步"，或者"带着两只两周都没有吃过东西的饥肠辘辘的鳄鱼散步"，或者头戴闪闪发光的羽毛头饰，上面插着用我企业的标志色画出的醒目标记，标记上写着"我是世界上最成功的企业管理者"和我的联系方式，好让全世界的人都认识我。

这确实可怕，但是也很吸引人。请思考，这是你能够想到的最好的目标吗？此外，你真的有可能这么做吗？你真的考虑清楚了吗？

恕我愚钝，好多人的目标就是这个样子的，缺乏规划、考虑不周、不切实际。毫不夸张地说，这样的目标会让你心力交瘁！

相反，有些人溜溜达达地盼着成功突然冒出来，拍着它的肩膀说："嗨，我知道你在找我。"

我能体会到，许多人完全不敢大大方方地设定目标，或者会设定一些模棱两可的目标，即使实现了，也纯属碰运气。

因为你可能会想起来，你在 1 月 16 日就节食失败了，或者是觉得自己在学习方面一无是处，因为有个叫凯蒂的学生一直比你聪明（我总能听到类似的话！某人学习比我好多了）。那又怎么样？没什么大不了的！凭什么让这种事来定义你成功的目标呢？凭什么约翰在上学时跑步比你有耐力，就意味着在职场中，你的能力就比别人差呢？

这种类比看起来可能有点愚蠢可笑，但是，以我的经验，在与客户深入挖掘和探讨他们的信念时，你会发现，你不敢怀着"哇，定义我的职业生涯的时刻来了"的心态，进入新环境或者抓住新机会；相反，你会想"啊，这太恐怖了"。其背后的原因就是一种根深蒂固的念头："是的，我从来都不擅长做这个。"

问问自己：我设定的目标是什么样的？它容易实现吗？或者它根本不切实际？

所以，问问自己设定的目标是什么样的吧！它们容易实现吗？几乎就像告诉你的老板，你今天早上刷牙了那样平淡无奇；或者你设定的目标都不切实际，以至于还没开始，就打退堂鼓了。大多数人都不会想着"现在，我需要的就是一双运动鞋，我们走吧"，就开启环球梦想之旅，对吧？所以，怎样的目标才算宏大且可行的呢？怎样的目标才算可怕却可实现的呢？怎样使目标起到应有的作用呢？

你不能只是东跑西颠，等着天上掉馅饼，大声叫喊，发号施令，希望有人听到并照做。

如果你这样做，你极有可能会垂头丧气，陷入困境。那些设定了错误的目标或不敢设定目标的人，终归会蹉跎岁月，不可避免地一事无成，难偿所愿。我看到这种畏惧在许多职场人士身上表现为负面情绪、负面结果和消极行为，而这都是因为他们不敢设定目标。

示例与练习

在这一章，我将重塑你对待目标的态度。你会有这种想法：我要设定目标！

是的，你要设定目标。但是，这些是正确的目标吗？你是不是有像第一次骑上自行车的那种感觉？

例如，那个告诉我想要每天工作更长时间的企业管理者，当我追问到底工作几个小时的时候，他无言以对。我继续追问，他说不知道公司允许多长时间。我追问他公司的三年愿景是什么，他毫无概念。如果你没有目标，那怎么能够为之奋斗呢？

试图随便设定一些模糊的目标，用含糊不清的语言胡乱地祈求某个幸运之神帮你实现你的宏伟目标，借此来赢在职场，这无疑是一种疯狂的行为。

目标应该给你这样一种感觉——因为心怀畏惧，路途艰险，你希望有人能够为你保驾护航。你的目标会推动你前进吗？你害怕吗？如果你的目标不会让你觉得自己像站在了高山的边缘，风吹动着你的头发，那么这就不是正确的目标。

目标应该让你同时说"哇哦"和"哎呀"。

目标应该让人害怕到你想要抓住点什么东西才能有安全感。你想要找人倾诉，又有点不敢倾诉，因为如果你把自己的目标告诉了他人，总不能光说不做。那么，这就是好目标。

但是，目标又远不止如此。我们需要帮你树立一个目标，其中包括适当水平的畏惧因素，下面三个练习会帮你明确目标，让你有信心克服实现目标时遇到的各种畏惧心理。

练习 1：激励目标

那就让我们从头开始吧，问问自己，你真正想要的是什么？

我希望你用一句话总结一下自己想要什么。就我而言，我想象自己把这句话写在了自己的额头上。因为每当我们洗手的时候，都可以在镜子里看到这句话；早上整装待发时，我可以看到这句话；开车时，我能看到这句话；每当走过一个窗口，我也会看到这句话。尽管我没有注意到自己的倒影，我确信在潜意识中，我看到了这句话并致力于实现我的目标，因为我已经养成了迅速击中目标的习惯。显然，这句话不能太长，必须简明扼要，易懂并招人喜欢，让人过目不忘。语言的强大力量让你觉得自己已经有了目标和具体内容了！

你会写什么样的句子呢？你需要使用肯定性的措辞，你的句子要遵循以下规则（见表2-1）。

表2-1　如何用一句话概括目标

不要包含的字眼	要有的字眼	务必加上的内容
不要做	目的	日期
不会做	要做到	数字
希望	将会	地址
应该	做完	次数
喜欢	实现	位置
想要	渴望	事实
需要	说话	名字
尝试	简练	数量

你写下的句子可能是这样的：到下个月16日，我要获得10个新客户，这会给我带来×××的额外收入。

较差的无反应的目标可能是这个样子的：在接下来的几个月里，我会努力争取更多的客户。

再举一个错误的示例：在工作中，我再也不会让别人利用我了。

强有力的目标是这样的：在工作中，别人尊重我，并且欣赏我以及我的目标和抱负。

练习 2：语言的力量

我不认为上班是在辛苦劳作，相反，在上班的时间里，我愿意接触那些追求更高生活品质的人，我很高兴能帮助他们实现愿望。这不是劳作，而是一件美差。说起劳作，我想到的就是做一些苦差事。小时候，帮老爸刮船上的藤壶就是劳作。那时候，我常常指关节鲜血淋漓地回家！面朝大海，其乐无穷，而关节出血，一点儿也不好玩。所以，我选择剔除"劳作"这样的字眼。实际上，做园艺对我来说不是劳作，而是乐趣。

你知道，在我的生活中，劳作时间为什么那么少吗？因为我措辞十分小心（即使在脑海里也是如此）。我想实现目标，并且凭着我在本书中与大家分享的内容，我能够实现我的目标，我希望你们也能。此外，如果我使用了消极、负面的字眼，即使我在心里想了这些字词，也存在着一定的风险，它们降低了我获得成功的概率。而在我的概念中，"劳作"这个词恰恰是一个消极字眼。而所有进入我脑海的不良词汇都会让我面临停止行动、导致拖延的风险。

这不仅涉及如何选择正确的目标，也不仅是全面考虑目标的方方面面的问题，而是要选择恰当的词汇来描述目标。

语言非常重要。例如，如果你喜欢待在户外，讨厌困在室内做繁重的工作；同时你明白，要想实现内心的渴望，就必须承担责任，尽心尽力，那么就不要说类似于"我不得不在办公室里付出大量的时间和心血"这样的话。你是一个喜欢户外活动的人，制定了一个野心勃勃的目标。你知道，你需要为之付出，这让你离开了舒适区，把你困在办公室里（在第9章，我们会着眼于许多人都面临的一种畏惧心理，要克服它，你需要远离自己的舒适区，让畏惧远离你的视线。即使你没有面临这样的畏惧心理，此章介绍的技能也会为你的生活提供全方位的帮助）。但是，当你使用与你的自然思维模式以及你的信念截然相反的词汇时，这会对你的成功产生什么样的影响呢？

语言很容易让我们思想消沉。仅仅是因为我们选择了某种自言自语的方式，就会根深蒂固地自认为某事太难，根本不可能实现。毫不夸张地说，仅仅通过在脑海里自言自语，你就可以说服自己放弃目标！所以，通过选择自己的措辞，增加你获得成功的概率吧！那么你打算使用什么样的措辞呢？

练习 3：拆解目标

在知道了自己想要什么后，你需要将目标的每一个细节都进行拆解。你在规划和考虑目标的时候，就应该把它拆解开。

回想一下你的三个核心价值观，以及其余七个价值观，它们会如何影响你实现目标？

请牢记，选择措辞的时候，千万别犯傻。为了易于掌控，我们需要将目标进行拆解。如果你对 16 岁时的理查德·布兰森说："喂，伙计，给你，这儿有个全球帝国。"我敢肯定，他内心会挣扎，或者至少会抓耳挠腮地心想："我现在该干什么？"每一个巨大的成功都需要先分解成易于掌控的小环节。你需要以行之有效的方式着手，这就意味着你需要将目标拆解并采用自然的做事方式。现在，我们无须明白哪个是第一个环节，只要将目标拆解开就好。

怎样吃掉堆积如山的奶酪？答案是：一口一口地吃！

在着眼于全局，以及伟大的梦想和宏大的目标时，把目标化整为零，一点点地消化掉至关重要。要做到这一点，你可以把每个目标都写在一张便签上，也可以创建一个电子表格，由你选择。按照你自然的工作方式就可以了。怎样来完成一项你比较擅长的任务呢？

现在，你可以先问自己下面这些问题。

- 你与谁携手前行？
- 你的目标是什么样的？
- 你每周工作多少个小时？
- 你工作吗？
- 你把它视为工作吗？
- 你旅游吗？

- 你独自工作吗？

- 需要发生的事情是什么？

- 你具备这份工作所需要的技能吗？

- 你讨厌做哪些工作？你首先可能学会做什么？哪些工作会外包？你会采取其他办法吗？

- 你可以依靠哪些人的支持来实现目标？

- 你可以依靠哪些人给你诚实的反馈？

- 谁可以让你不偏离轨道？

- 你怎样知道自己正在取得进步？

- 你怎样战胜失败？

- 你怎样为实现目标筹集资金？

- 你怎样防止某事变成你实现目标的障碍？

- 你并不擅长的事情是什么？

- 你坚持的哪些信念会降低成功的概率？

- 你需要给自己的目标设定多长的时间范围？

- 对于这个目标，你是否采取了务实的态度？

你可能会问自己哪些问题呢？记住，我不知道你的目标是什么，所以，你还需要问自己哪些问题才能把你的宏伟目标分割成可掌控的片段？在上面的问题中，我偷偷地添加了几个我希望你们回答的问题，以此来帮助你实现职场目标。我会不断地与你一起回顾这些问题。

- 你需要真正了解自己。
- 你需要真正了解自己需要什么（不是别人眼中的成功）。
- 你需要设定一些清晰明确的目标。
- 你需要将目标细分为容易掌控的环节。

你的职场目标也需要被拆解。从做推广，到让全世界所有的商店都销售自己的产品，无论你有什么样的野心抱负，无论你有什么样的目标，你都需要把它们进行拆解。

行动：立刻开始细化目标

大的目标应该是那些让你笑得合不拢嘴的宏大目标，你脸上挂着灿烂的笑容，睡得香甜，床头摆放着心仪的玩具，因为你祈求父母允许你把这个炫酷礼物放在那里，所以你一刻也舍不得离开它。

在第一章，你了解了自己的信念，以及对你来说最重要的事情是什么。现在你想要什么？在第一章，我问你要不要法拉利。如果这让你开怀大笑，那么为了得到一辆法拉利，你打算怎么做？如果你想要的不是法拉利，那想要什么呢？

通过做上面的练习，你可以细化目标，使它们在你的脑海里变得清晰，你可以感受到它们。它们能点亮你的心灵，就像你已经梦想成真。如果已经实现了自己的梦想，你会有一种怎样的心情呢？做完本章的练习，你打算采取什么行动呢？

如果你今天不采取行动，不敢设定目标，那么这种心理会永远困扰你，让你无法在职场上获得成功。不要说"等下周"，或者"等做完这个练习"，抑或是"等与这个客户合作完成后"。今天，立刻动手。记住，没有必要摆出多大的架势，许多简单且有效的方法都可以帮你实现目标。那么，你该从何处着手呢？

你的目标与你一样都是独一无二的。所以，最终的着力点还是你自己。如果你的目标要求你走出舒适区，那么你就需要激励性的语言，为了做到这一点，你需要开始善待自己。

如果你不愿意告诉自己的闺蜜或者你妈妈你有什么目标，那么也不要对你自己说。

到本章结束时，你应该已经设定了自己的目标。为了取得想要的结果，你每天都需要走出家门，在脑海里对自己说恰当的话。此外，你需要问自己一些极具挑战性的问题，确保自己为成功做了充分的准备。事实上，如果你相信自己并坚守这一信念，那么无论发生何事，你都会相信自己，即使事事不如意，你也能找到前进的方向，你总能振作起来。甚至在"这样的事我怎么就错过了呢"这样的时刻，也能一笑而过，然后继续前行。这样，你就不会再害怕设定目标。目标理应让人心生畏惧，在某一刹那，它们理应让你因敬畏而却步，然后你心里暗想：哇哦，这正是我想要的。

结果：拥有明确可行的目标

不敢设定目标是一种有多种表现形式的畏惧心理。具有讽刺意味的是，人们热爱励志名言，办公室墙上和社交媒体上，到处充斥着加油打气的海报。这也是一种让人难以置信的畏惧。但是，许多专业人员设定目标的方法是错误的。当一心要赢在职场的人设定的目标无法实现时，其成功率就会直线下降，这可能是因为他们仍旧使用错误的方法。如果你换一种方法，顺应你的自然风格，你将会获得自己想要的结果。

许多专业人士设定目标的方法是错误的。

在企业管理者的示例中，他说希望增加计费工时。我追问他想要增加多少，他说"好多"。经过深入探讨，我们确定了要增加多少。很明显，他之前没概念。我们经过计算得出结论，对当前的劳动力水平来说，公司还能应付过来，但在 3 年时间里能达到理想状态吗？ 5 年呢？该公司当前的计费工时是每周 40 ～ 120 小时。在此基础上，我们能够计算出月末以及 6 个月后的计费工时目标。我们算出了 1 年后和 3 年后的计费工时，他们用 4 天的时间就实现了 1 个月的目标（500 小时），在 3 个星期的时间里，就实现了 1200 小时的目标！这就是设定明确目标，拆分行动，按照自己的风格行事，采取正确的行动。

并不是所有的目标都那么宏大。有时候，目标远比这微妙得多，但是其对你的成功产生的影响却一点也不小。你的目标可以是在职场上更加自信、捍卫自己的信条。例如，我的一位客户比较害羞，虽然刚入职却有许多好点子，但因为自信心不足，他不敢说出自己的想法。他的老板看到了他的潜力并明确表态会重视员工的意见。他的老板设定的目标就是，帮助这位员工以一种自信果断的态度直抒己见。这个目标现在已经实现。

只有你自己知道，你到底打算实现什么目标。

该过程的乐趣就在于，没有人需要知道你在做什么。这是你通向目标的私人道路。你有可能想要或需要与别人分享，但是，目标的具体细节以及错综复杂之处，只属于你自己。只有你自己知道，你到底打算实现什么目标。目标都是独特的、私密的和个性化的。尊重对你来说重要的事情，设定个人目标，这样你就更容易把目标变成现实。然后，你的笑容将更加自信（不是自大），并一直自信下去。这样，我们就可以顺利进入下一章了。

相信自己能成大事

畏惧：担心自己输不起

要想成功，就需要努力争取。

要想成功，就不要轻言放弃。

这种话我一口气能说 100 句，实事求是地说，想成功的人都在不懈努力，而且他们确实有办法成功。但是，有同样的经历、同样的技能、同样的学历、同样的机遇的两个人，怎么会获得不同程度的成功呢？

我父亲被人贴上了"傻子"的标签。毫不夸张地说，每年夏天，他都会关闭他的汽车修理厂，带上家人外出度假 6 个星期。"你简直是个疯子！"人们说，"没有人愿意与你做生意的。"实际上，当我父亲说他要在一块荒地上新建一家大型汽车修理厂时，有人给了我父亲 10 英镑（约合人民币 87.809 元），说："明年这个时候，你都不值这个钱了。"我父亲没有让他言中。

有同样的经历、同样的技能、同样的学历、同样的机遇的两个人，怎么会获得不同程度的成功呢？

我父亲价值观极强，认为尽管生意繁忙，但家庭时光重于一切。这样一个人，怎么能干出一番成功的事业呢？可是，他还是成功了。他怎么做到的呢？

我有许多类似的故事。在好几个示例中，我也起了一些作用。我认为，这些实现了目标的人并没有特殊技能。他们只是努力工作，采取了正确的行动，并且运用本书提供的指南做事。最重要的是，在他们身上，你看不到本章所说的畏惧。或者，就算他们面临过这种畏惧，也早把它压扁，做成小小的折纸，然后踢进了垃圾桶！

在许多人的潜意识里都隐藏着这种畏惧。你会质疑和追问："我脑海里真有这种畏惧吗？"

我认为，当今社会，无论是在社交媒体上，还是人与人之间，都充斥着太多的空谈。正如大家所说，空谈没有实际效果，并且会给成功带来实质性的伤害。

我将详细阐述一下这一点。多年前，我们只能在看见某人忙着工作，或者在商店里、饭馆里碰见某人时，才能知道其获得了什么程度的成功；或者在目送某人驱车而去时会想："这是他的新车吧！看起来他生活得不错啊！""他看起来真精神，他穿的名牌衣服可不是假的。"

如今，多数人没有隐私，什么都拿出来晒。我对于我个人和我的生活都比较满意。但是，我们很容易被潮流吞没，根据从网络世界获取的信息，想当然地认为每个人都开着跑车，每隔一周就跑到海滩上办公，体型完美，送孩子上私立学校，摄入合适的热量，学习冲浪，摄入足够多的维生素，养猫养狗，孩子完美，夫妻关系和谐，家庭幸福，生活如意。迪士尼公主们也不如他们生活完美。

从社交媒体上看，有些人没有不开心的时候，没有蛮横的孩子，没人冲着红灯咆哮不已，一切无可挑剔。而我的收件箱经常充斥着各种邮件，说能够让我更幸福、更苗条、销售业绩更好、成就更大、拥有财富的更多。所有人都主观臆断我肯定讨厌现在的生活。

空谈是没用的。本章我们将探讨，空谈会怎样影响你获得成功的能力。

在指导客户时，他们总能罗列出无数个失败的经历，而问起他们获得的成功时，列出的清单就短得多了。

失败是成功不可或缺的要素。

我们习以为常的是，在心仪的成功唾手可得之前，人们因为一次小小的失败就放弃了。在输得越惨、越可怕的时刻，你越应该咬牙挺住。

你可能听到过温斯顿·丘吉尔（Winston Churchill）的名言："永远、永远、永远不要放弃。"如今，这句话已经被社交媒体上的励志名言稀释殆尽。在迫切渴望的目标触手可及的时候，很多人竟然因为畏惧而与目标失之交臂，甚至渐行渐远。

我不止一次看到，因为这种畏惧，企业决定另起炉灶，企业管理者另寻出路，或者退缩不前，不敢追求自己的信念。这全都是因为"我绝不会成功"这种畏惧心理。

你有什么理由认为自己一辈子都注定失败。

想象一下，你每天早上起床就做这样一个主观臆断：因为堵车我很可能会迟到，或者从统计学的角度来看，我极有可能等不到咖啡煮好就驾鹤西去了。如果你每时每刻都在主观臆断，死亡就在眼前，这会对你的心态产生什么影响呢？

最主要的影响就是：这种主观臆断让人筋疲力尽、消极泄气、残缺不全。

既然从统计学上来看，起床导致死亡也是一个大概率事件，那么你会不会早晨不敢起床了呢？

这与大多数人对自己的心态施加的影响毫无二致。他们有意无意地告诉自己不会成功。你的内心隐藏着一种畏惧心理，这种畏惧心理不停地暗示你不会成功地实现目标。在这一章，我们来探讨一下如何应对这种畏惧心理。

你怎样才能摆脱自然本能的束缚，在接近最终目标时，不是改变方向，而是迎难而上？在指导客户的过程中，我们的对话会让客户好似一只被迎面驶来的大汽车震慑住的兔子一般：知道危险逼近却无能为力。他们困在了那里，坐以待毙，就因为他们的主观臆断：坏事要来了。

示例与练习

练习 1：迪士尼公主的完美生活只属于童话世界

因为我们被各种议论、言辞和大家对生活应有的样子的认识狂轰滥炸，我们认为生活就应该完美、轻松，大家都像迪士尼公主那般阳光灿烂、完美无瑕。所以，你觉得大家只关心完美的生活，而坏事却总是发生在自己身上。

仔细想想，这个问题为什么很重要？

你的眼前总会浮现出一个完美到不切实际的画面，它破坏你实现目标的能力，因此你不能接受"成功需要失败"。事实上，你必须明白坏事不可避免，糟糕的日子也是幸福生活和成功的组成部分。如果你真的渴望在职场上获得成功，你就要接受一个事实：有些时候，你很想放弃自己的目标。你需要做的第一件事情就是接受这种现实，即明白生活中肯定会有这样的时候。不是每一天都能过得像好莱坞大片里的主角，坠入爱河、打败反派并得到了梦寐以求的工作。

不是每一天都能过得像好莱坞大片里的主角，坠入爱河、打败反派并得到了梦寐以求的工作。

是接受这种现实的时候了：发生坏事有利于成功。你肯定听说过，失败是成功之母。你是否考虑过自己多久成功一次以及多久经历一次失败？你是否接受和理解失败和成功都必不可少？

练习 2：解决恶性循环问题

你在对自己实现目标的能力逐渐失去信心时，玩一下这个游戏，它会让你从正在发生的事情中抽身而出，而不用承担任何责任。我们总觉得被自己的种种问题和担忧拖累，这就使畏惧心理变本加厉。更可怕的是，畏惧心理被触发之后就会逐渐增强，增强之后就会变本加厉。你可以猜出来，这会对你获得成功和赢在职场产生什么影响。

接下来，我们一起解决恶性循环问题（见图 3-1）。想一个你感到无力获得成功的示例。好好想想这是一种什么感觉，你从何时开始，从自我感觉良好并觉得有能力获得成功，到慢慢陷入消极心态，觉得任何行动都毫无意义？这进一步将你推向了失败的边缘。这个过程的关键是什么？仔细想想这个过程中的行动和情绪。

举个示例。

（1）你遇见了一个人并且聊得很投机。对方让你发一封邮件详细介绍自己的创意。

（2）你没有收到对方的回信，所以你就主观臆断，他不感兴趣。

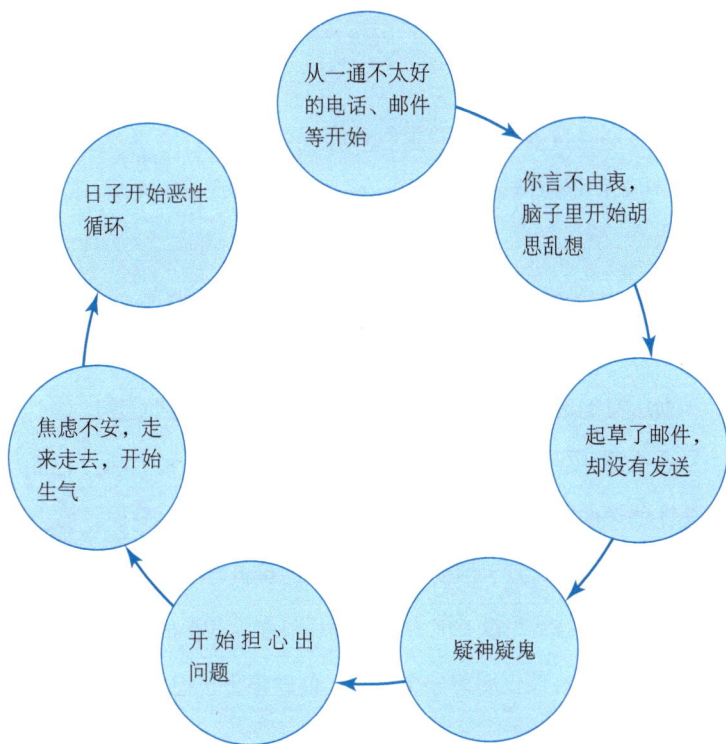

图 3-1　恶性循环问题

（3）你开始觉得自己当时真傻，竟然会以为对方真的很感兴趣。

（4）你怀疑自己到底在干什么。

（5）你事后反思自己的行动、目标、愿望、职业道德，以及其他方面的问题。

（6）你在职场上犯低级错误。

（7）你严责自己。

（8）你今天心情不好。

（9）你回到家，觉得心里很痛苦。

（10）你懒得做饭，没有胃口。你给自己倒了一杯酒，吃了点巧克力。

（11）你失眠多梦，忧心忡忡，觉得自己失败透顶。

（12）你睡醒后，觉得痛苦万分，身心俱疲，一事无成。

而所有的这一切，仅仅是因为你的邮件没有收到回复！

恶性循环很容易发生，而让人惶恐不安的是，每天都会上演类似恶性循环的小事件。如果你不能识别并有效地应对它们，那么恶性循环就会加剧，直至演变成一种巨大的畏惧心理，阻止你采取任何行动。你会自认为没有能力去实现那些你为获得成功而设立的远大志向和梦想。仅仅因为一个想法，你就停止了追求工作、生活、旅游以及梦想的脚步。这太可怕了！

现在，这就成了一种畏惧心理。好消息是，恶性循环问题有两种解决方案。

第一种方案：发现恶性循环问题

解决问题的第一步是意识到问题的存在。所以你需要先找出你是从何时开始出现负面情绪的。如果你不确定，那就把过程写下来，从后面开始。

- 最终结果是什么?

- 你现在觉得怎么样?

- 哪个行动导致你不高兴?

- 导致这个结果的原因是什么?

在每个恶性循环中，我处理过的消极结果都可以追溯到消极想法，而不是消极行动。

从这一行动往前追溯，追问自己，是什么原因导致了现在这一结果。当你弄明白了负面情绪是从哪里开始的，你就可以换一种思路并做出选择。在每个恶性循环中，我处理过的消极结果都可以追溯到消极想法，而不是消极行动。那么，你的消极想法是什么呢?

第二种方案: 开启良性循环

回顾你的恶性循环，扪心自问: 哪里出了错? 哪种想法让恶性循环失控? 只有找到症结所在，你才能用积极的想法解决问题。

现在，请你展开联想，想象一个良性循环的场景是什么样子的。我们以上面的恶性循环为例，把结果逆转一下。

（1）你遇见了一个人并且聊得很投机。对方让你发一封邮件详细介绍自己的创意。

（2）虽然你没有收到对方的回信，但你也没有断定其不感兴趣，你决定给对方打电话确认其是否收到了你的邮件（若你想收到答复，那就不要躲在邮件后面）。

（3）如果遇到了电话留言，那就给对方再发个邮件，告诉他你近期会与其保持联系以便获得反馈。

（4）如果有结果，你会想，这将多么棒啊！这就会带来天壤之别。

我们总是让我们的思绪飘到不好的地方，老往坏处想。我们从来不想会出现最好的结果。

练习 3：假设游戏

如果你想成功，那就假设这可以成为现实。你需要认真控制恶性循环并调节到平衡状态。接下来我们开始用心玩假设游戏，列出可能发生的美好的事情。

- 假设对方很喜欢你的方案并希望你成为其公司的一员。
- 假设对方想在全国所有的分公司推行你提出的方案。
- 假设你最终成了 CEO。
- 假设这让你得到了梦寐以求的工作。

你为什么要限制自己可能取得的成就呢？

你还记得自己在 10 岁的时候有人问你长大了想干什么吗？你

说你想成为宇航员、流行歌手、兽医，等等，这些都是合情合理的。成年后，你通过限制自己的想法而限制了自己的创造力。所以，你为什么要限制自己可能取得的成就呢？

练习 4：疯狂的假设游戏

玩假设游戏并想象可能发生的最令人惊讶、出人意料和异想天开的事情。既然这些事情确实会发生在某些人身上，那为什么不能发生在你身上呢？这是一种新的思路，你想让假设游戏来帮你提取信息。若你只顾自己玩得开心，畏惧就会想方设法地隐藏自己。不要只是因为好玩才玩这个游戏，也别怕游戏无聊。

你甚至可以把假设游戏玩得出格一些。请记住，你不能通过奚落畏惧来很好地应对它，你不得不接受一个现实，那就是畏惧心理是真实存在的，它们存在就是因为你需要它们。如果你混日子，"装疯卖傻"，畏惧就会大发脾气，你就能看清其真实面目了。它就是你成功道路上的绊脚石。一旦你意识到这是个障碍，你就能快速地找到办法，从而摆脱它的纠缠。

你可以天马行空，展开想象。例如，那个欣赏你创意的人，给你打电话说："是的，太好了。我们把公司的所有权交给你，我们愿意再赠送一窝小狗、几架私人喷气式飞机（装满小猫咪），以及任命你为 CEO……"

我们通常目光短浅，限制了自己的目标和野心。

虽然这听起来很不现实，但只有处于癫狂的状态下，你的大脑才开始帮你拔掉畏惧这根毒刺。如果你认为害怕成功是愚蠢的行为，你还会怕吗？这个游戏还会让你拓宽成功的范围。我们通常目光短浅，限制了自己的目标和野心。这个疯狂的游戏就是让你敢于追逐那些你平时想都不敢想的梦想。

练习 5：毁灭性的假设游戏

现在，你已经玩过假设游戏，领略了你的想法是如何有力地控制你的行动、操纵你的选择以及影响你实现目标的信心的。接下来，换一种方式，玩一下毁灭性假设游戏吧！

在指导那些面临畏惧心理的人时，这可以帮助他们敢于直面畏惧。我们都听过这样一句话："还能发生什么更糟糕的事情吗？"事实上，我们可能都不会去考虑可能出现的最坏的情况是什么。我猜想，多数时候人们考虑的是"可能发生的"最明显的负面事情是什么。我们很容易就让消极想法进入我们的脑海，那么，不妨让这种简单的自然出现的错误再前进一大步。

玩玩毁灭版假设游戏，想象一下最坏的场景。

（1）你遇见了一个人并且聊得很投机。对方让你发一封邮件详细介绍自己的创意。

（2）你没有收到对方的回信，所以你就主观臆断，他不感兴趣。

（3）你认为自己是个傻瓜，对方也知道你是个傻瓜。

（4）你想着对方会给你现在的老板/客户打电话，把你贬低得一文不值，建议他们应该辞退你。

（5）对方把你的照片发布在社交平台上，把你说成是头号公敌，并警告同行在任何情况下，都不得与你产生瓜葛，不得雇用你或与你交谈。

（6）你无家可归，丢掉了工作，住在了满是污泥和雨水的山洞里。

那么，这就是最坏的场景了吧。

会发生这种事吗？肯定不会。但是，这会让你怀疑自己的想法。对方真的讨厌你吗？还是只是不感兴趣？或者，更有可能的是对方只是太忙，暂时还抽不出时间回复你的邮件而已。

行动：停止主观臆断和盲目比较

在谈到你的能力时，你会想到哪些主观臆断的场景？

- 你会认为老板讨厌你吗？
- 你会认为你的同事不喜欢你吗？
- 你会认为自己的工作不合格吗？
- 你会认为自己在公共演讲/掌握新技术/学习能力方面毫无

可取之处吗？

- 你会认为大家在议论你吗？
- 你会因为别人没有当天回复你的邮件或电话留言，就断定对方对你没有兴趣吗？
- 你今天就只收到了两条信息吗？那么你凭什么就假设他人就坐在那里无所事事呢？

任其发展，主观臆断就会给我们的成功带来不良影响，降低我们赢在职场的概率。

那么，主观臆断是怎样发生的？我们的主观臆断日积月累，对畏惧心理推波助澜，不停地提醒你畏惧心理确实存在。任其发展，主观臆断就会给我们的成功带来不良影响，降低我们赢在职场的概率。所以别再想象这些主观臆断场景。赶紧停止吧！

我发现这些主观臆断场景很危险。它们就是萌芽状态的畏惧，等着变成躲藏在你潜意识里的畏惧。正是你为虎作伥，允许它们偷偷进入你的脑海，悄悄地对你说："嘿，你认为自己办不到，对吧？"

我们玩了主观臆断游戏，你已经思考过应该如何看待问题。接下来，我们来看看你的实际情况。

- 你的事实以什么为基础？
- 你相信你的失败有事实依据吗？
- 你总是失败吗？
- 你有什么证据？

你可以把你采取过的行动、做过的事情以及取得的成就写下来并牢记于心。我喜欢对客户说："在心情舒畅时，你要知道什么事情会开启倒霉的日子。"知道自己的成功之处，真的很有用。在过得不顺心时，在你觉得每况愈下时，在你的想法战胜了事实的时候，牢记真实情况很重要，不要让想法掩盖了真相，否则，你就助长了畏惧心理并任其阻碍你获得成功。

在本章开头，我们说过空谈的问题。我认为我们的社会存在太多的空谈。这确实会降低我们的成功率。

不要屈从于外在压力，更不要按照他人的标准生活。

开始按照自己内心的尺度，而不是你周围人的尺度来检验自己的成功。不要屈从于外在压力，更不要按照他人的标准生活。

- 你会走进一家餐厅，无论你前面的人点了什么，你都会照样来一份吗？
- 你会去机场随便挂个牌子，说"这就是我的梦想目的地"吗？

- 你会在红绿灯处，跳进旁边的车里，满心盼望着司机会带你去你想要去的地方吗？

肯定不会，你有自己独一无二的目的地。你的人生应该有自己的意义。所以，放下压力，别再盯着别人。因为看到别人取得成就，你就会不断地给自己施加压力，这对于不能取得成功的畏惧来说简直是雪上加霜。从现在开始忽略这样的评论，"看看某某做得多好""瞧瞧人家的成就""看，他们刚刚签的合同"，等等。记住，网上发的帖子不全是真实的，每当你拿自己与他人进行对比的时候，都不要忘记这一点！

影响因素

我认为，我们忙忙碌碌的互动生活的一大缺点就是，我们对别人都在做什么一清二楚。因此，请你问问自己下面这些问题。

- 我会受别人发布在社交媒体上的言论影响吗？
- 他人的观点会影响我选择哪家慈善机构吗？会影响我的度假方式、穿衣风格、饮食习惯、休闲活动或我的经营方式吗？
- 我的声音仍旧有人倾听吗？我会好奇自己的声音听起来是什么样的吗？

如果你将自己的生活与别人进行对比，你怎么知道是否得到了自己想要的结果？或者，你是否可以拿其他人做标杆，指引自己舒适从容地实现目标和理想？

如果你将自己的生活与别人进行对比，你怎么知道是否得到了自己想要的结果？

如果你因为自己在网上写的东西和自己的想法而感到紧张兮兮的，这时候你就需要仔细想想，外部世界对你的成功施加了什么影响。如果你只知道自己想要实现的目标和理想，不去理会他人对你的看法，那么你就能够为自己减轻很多压力。

想象一下，你正想减肥。你会因为受你周围人的影响开始或退出这个行动吗？说到你为自己的成功设定的限制条件，也是同样的道理。外部世界是增进你成功的信念，还是无中生有并给你带来了障碍呢？

重要的是，好好想想谁在影响你的生活。为了获得事业上的成功，我做得最好的一件事就是人际关系网络。这不仅事关开创新的业务，随时抓住新的商机；它还使我的大脑随时待命，积极应对。我们埋头苦干，一心扑在获得奖赏上，我们很容易只盯着最终结果，而忘记了如何才能实现目标。现在，请考虑下面的问题。

- 你周围都是什么样的人？

- 你会让什么样的人影响你的成功？

- 在职业生涯中遇到的人给你的成功带来了什么影响？

- 在职业生涯中遇到的人给你赢在职场的能力带来了什么影响？

你得清楚，如果你渴望取得成功，却意志薄弱、摇摆不定，你周围的人是在为你打气，提高你成功的概率，还是助长你的畏惧心理呢？

结果：少空谈，多实干

我将与你分享玛丽·安宁（Mary Anning），一个 19 世纪的人类学家的故事。这个故事是我最近在剑桥与我的家人外出时发现的。故事讲述的是来自劳动阶级的玛丽，在她 12 岁时意识到了化石的价值后，开始收集和贩卖化石。她将兴趣发展成一种收集爱好，以此养家糊口并使之形成了一个产业。尽管玛丽是一名对该行业不甚了解的年轻女性，她还是成功地在业内扬名立万（在当时，英国妇女甚至连投票权都没有）。你认为玛丽会东张西望地心想"我好想知道住在大街那头的玛莎在干什么"吗？我给玛丽添加了一些不是很严肃的评语。我写道："玛丽太棒了，她在 12 岁时就很棒，她没想到自己今天会这么棒。"玛丽的成功源于她专心做事。事实上，成功人士都专心做正确的事。

我敢肯定的是，玛丽从来不会因为担心能不能取得成功而感到焦虑。玛丽只是专心工作，因为她觉得自己需要这么做。玛丽集中精力做自己的事情，而不是玛莎或别人的事情。我曾是英国最年轻的汽车修理厂经理。我从来不多想，我起床后便跑步穿过车间，想着需要使用哪种尺寸的螺栓才可以把车修好并交到客户手里！

我认为耐克公司真正地做到了 "Just do it"。在这个社交媒体上到处都充斥着励志名言的世界上，我们需要少空谈，多实干。要像玛丽·安宁这样的人一样，少操心做某事会怎么样，多操心实干就好。

在这个社交媒体上到处都充斥着励志名言的世界上，我们需要少空谈，多实干。

你需要掌握：

- 假设游戏；
- 解决恶性循环问题。
- 开启良性循环。

如果你实实在在地感受到了畏惧的存在，那就将假设游戏玩到极致，在你的潜意识里消除畏惧带来的痛苦。记住：畏惧不喜欢你对它冷嘲热讽。

我希望你对成功的畏惧会成为一个强大的动力，激励你和他人前行。这是一个辉煌的成果！

自信 4

我真的很棒

畏惧：不希望成为锋芒毕露、爱出风头的人

在与客户一起解决问题时，我帮助他们厘清了到底是什么在阻碍着他们实现目标，他们着实吓了一跳，竟然是畏惧在深刻地影响着他们。我也想帮助你揪出那个埋伏在你成功道路上的畏惧。

有一种畏惧喜欢隐藏自己并伪装成生活中的其他负面结果。这种畏惧不想让自己看起来高傲自大。

你会再一次产生这样的想法："这真的不适合我。"现在就问问你自己："如果我被称为业内集技能、才华和专业于一身的顶级高手，那是一种什么感觉？"你觉得自在吗？这让你笑容满面了吗？或者有一丝说不清道不明的畏惧让你局促不安？

如果你打算进一步探索这种感觉，你会发现它带来了很多消极影响。你可能有一大堆借口，例如，你还没有准备好，或者没有经验，抑或是目前时间不自由，要做的事情太多。

我认为借口是一个很好的标志，这说明我们逐渐知道了自己真正想要什么。当我们害怕时，借口就会不请自来。"我是想……但是……"这个"但是"，就是一个重要提示。

我认为借口是一个很好的标志，这说明我们逐渐知道了自己真正想要什么。

并不是所有的畏惧都会把你吓得半夜惊醒，直冒冷汗，不敢关灯。有些畏惧躲在欲望的后面。相比于打电话，我们更喜欢在 Facebook 上回复他人的评论，或者只是发邮件，因为我们实际上太害怕，不敢站在城堡顶部大声喊："这就是我，我做得特别好！"

我不打算让你沿着大街一边走一边喊这句话。但是，我要求你改变思路。你不敢让自己看起来过于自大，以至于你不敢靠近城堡的顶端，而是躲在邮件和别人的溢美之词后面。这只是因为你害怕说"我做得非常好"。事实上，你这么说不代表傲慢，这叫沉着、自信。

在人们找出了一大堆的借口和原因时，我觉得特别兴奋，因为我们很有可能就要找到对这个人来说特别重要的目标了。记不记得我们前面说过，生活中的事情需要给你某种感觉？

一旦开始听到借口，我就知道，我马上就能明白，对这个人来说最重要的是什么了。

我不会把重点放在借口上，因为作为人类，我们总是能为每一个行为找到恰当的理由，我们总能说服自己做或不做某件事情。我现在要做的就是让你明白，你选择远离绝壁，不要走得太靠近，这就算成功。只要你越过了一定的界限，那就算太靠近绝壁了，这片区域就属于傲慢。在这个区域之外，都属于自信。其中的关键在于你怎样定义傲慢和自信的区别。

顶部是一个好地方。你必须战胜畏惧，才能到达那里。

为了得到自己想要的结果，战胜阻碍你成功的那些畏惧心理，你就需要从内在自信汲取力量。内在自信就是这样一种声音："为什么不是我？"而不是"你凭什么认为他们要的是你？"或者"你凭什么认为自己足够出色？"

我们不想让自己锋芒毕露，就是因为不想显得傲慢。"没人喜欢爱出风头的人"，这种话你听到多少次了？

如果有人在大街上骑车玩后轮特技，你妈妈会说"没人喜欢爱出风头的人"等类似的话。一般情况下，接下来她就会说"他肯定会栽跟头的""他早晚会把自己给害了"。因此，在我们的脑海里总有这样的声音："停！不要到处说自己多么才华横溢，因为这有可能让你栽跟头，甚至一败涂地。"

如果你认为自大很严重，那是因为你还没有见识过失败有多么恐怖。

示例与练习

首先，我们先探讨一下傲慢。我们都曾经忍受过这样的人，他们迟钝得像块木头，他的表现会影响房间里的每个人，让每个人都觉得不舒服。他们完全没有意识到，因为他们的存在，大家如芒在背，坐立不安，只要能立刻离开，去哪都行，哪怕躺在牙医诊疗椅上都心甘情愿。

我们都害怕成为这样的人，结果是矫枉过正，自己明明才气过人，却深藏不露。我每次让我的学员们做本章里的练习的时候，总是能看到同样的结果。

示例 1：为什么不能是你

一家企业制定了雄心勃勃的目标并将目标划分为年目标、月目标及周目标。在指导的过程中，我发现坚定的信念对该企业的成功发展产生了深远影响。而这一结果与其留住员工、获取新客户或营销能力无关。

该企业的管理者认为，主观臆断自己远胜于竞争对手，是傲慢的。他对我说："如果我们宣称，我们比谁都强，那我们成什么人了？"

我不会泄露我们的谈话内容。但是，我将介绍实现这一目标的方式。借助于一些很有趣的小游戏，你就可以让自己拥有积极的想法并获得实际的结果。

在最佳状态下，我们的大脑就是狡猾的"癞蛤蟆"。你以为已经弄明白了自己在想什么，却又出现了一些异样的新状况，产生了一些新想法。当你把玩它时，它却柔韧圆滑。如果你遵从本书介绍的方法，你就能把飘忽不定的想法当场抓获，说："停！别动！这个想法对我无益！"在本章，我就能看到这样的结果。

那个企业管理者问道："为什么是我？"我反问他："为什么不能是你？"

示例2：敢于呈现最好的自己

我曾经与满屋子的企业管理者谈论他们的初创企业。其中一位企业管理者问我，怎样提高企业的线上曝光率？我们一致认为，企业要有突出的表现才行。这实际上就是本章的主旨：你要有自信心，敢于呈现最好的自己，满怀激情地站出来说"我很棒"。这位企业管理者说："我们在做的事情，很多企业都在做，那我们怎样才能在市场上表现突出呢？"

你要有自信心，敢于呈现最好的自己，满怀激情地站出来说"我很棒"。

我继续讲解如何站出来，那位企业管理者却看起来十分惊恐："但是，如果我们这么做，几乎就是在说我们是最好的，不是吗？"我问他："你们不是这样想的吗？"如果你认为自己不能为人们提供与众不同的东西，那你们为什么还创立企业呢？谁会创办一家企业，想着"嗯，我要三天打鱼两天晒网，收入不比普通人少就好"？

这就是为什么我们要明确界定自己的自信心，远离"害怕看起来自大"这种畏惧心理。

练习1：我为什么了不起

你需要重新训练自己的大脑。我们不想把你捧得太厉害，让你傲慢，我们只想让你找到"我太棒了"的正确的那一面。

我曾让很多企业家做过这个练习，他们一脸鄙夷地看着我，心里可能会想："我给你那么多钱，想让你帮助我取得更大的成功，你就让我做这个？"可是有时候，在短短一天之内，他们就回复我说："好，我明白你的用意了。"接下来我能看到，这样一个练习改变了他们看待问题的方式、他们的行动以及言行举止！

畏惧不易被察觉，它不会突然冲出来，像老虎钳似地把你牢牢抓住。有时候你根本看不到它。在指导客户时，我能真真切切地看到有些人改变了其坐姿。他们在开口说话之前，姿态早已暴露了他们的想法和感受。而这个练习能够很好地帮你找回自己的思绪，发现自己的真实想法，帮你弄清楚自己拥有什么样的技能、专长和才华。作为一个人，我们总是奋力进取。在许多时候，这是好事，但是这样做的缺点就是，我们看不到自己已经做得有多好。

我们总是奋力进取，而这样做的缺点是，我们看不到自己已经做得有多好。

很多次，只用了不到一个小时的时间，仅仅通过帮助他们重塑此刻看待自己的态度，我就改变了一个人的心态。在开始审视需要改变什么，需要发展和致力于做什么之前，先看看你已经取得了哪些了不起的成就。

那么，怎么做到这一点呢？

用纸和笔罗列出来你为什么这么了不起，而不是在笔记本电脑或者手机备忘录里记录。你会得到什么样的结果呢？

- 好的结果。这对有些人来说简直是小菜一碟。想法如泉涌，两页瞬间写满。如果是这样，他们真的是你会引以为豪的人吗？他们真的符合你对顶天立地和名扬四海的定义吗？
- 坏的结果。你挣扎着凑齐了两页纸的优点。以我的经验，我们与他人难得看法一致。我们都不善于接受赞美，经常对赞美之词不予理会，束之高阁，就当没有这么回事。试着记住你曾经受到的表扬，从对你的穿着的赞美，到对你的出色的工作的赞美。

我一直有这种感慨：如果你自己擅长做某事，你就认为其他人也都擅长；相反，如果你不擅长做某事，你就苛责自己太笨，同时又以为世界上的其他人都是这方面的专家。为什么对自己这么苛刻呢？如果你想要取得持久的成功，你需要学会倾听夸奖，并且你首先需要倾听的就是自己夸自己。想一想以下问题。

- 生活中哪些时刻值得你引以为豪？

- 你是否策划过婚礼，所有的人都说那是他们过得最精彩的
  一天？

- 你是否有最好的假期冒险经历？

这是偶然发生的吗？还是你组织、策划、采取行动并促成的？你是怎样把假期过得与众不同的？你需要将这些了不起的技能添加到那两页使你了不起的事情清单里。因为这都是值得纪念的事情。

如果你自己不为自己说点好话，别人凭什么替你说呢？

你的想法如何影响你的行动和你的工作成果？

清楚地知道自己内心的想法意味着你能够对自己说合适的话。问问你自己："如果我对自己都说错话，那么我还能接受什么后果呢？"如果这不能让你快速行动起来，完成那两页清单，说明自己为什么了不起，那么你要问问自己："我真的准备对自己说些错话，不让自己赢在职场吗？"

回想一下，强烈的欲望是如何促使你采取行动的？一个目标是如何让你兴奋得头晕目眩的？因此，请扪心自问："我为什么要接受不是我想要的生活呢？"

完成了长达两页的清单后（你可以把"太好了""了不起"这种词换成"真有才""难以置信"等。只要自己高兴并且有效就

好）。记住，你不可能突然之间走进办公室或者商店，握住别人的手说："你好，我是×××，我特别了不起。"本章的主旨是帮助你培养内在自信，让你保持坚强。即使最幸福、最精彩的人生也会遭遇挫折，这时候，充满内在自信的你可以凭一技之长和丰富的阅历坦然地说"一切都还好"。

练习2："傲慢的我"游戏

在培养内在自信的过程中，对傲慢的畏惧很容易悄悄反弹。你可能会发现自己怀疑自己的选择，或者质疑自己是否应该这么做。你可以玩这个游戏，看看自己是否真的需要担心。

（1）想象一下傲慢的你是什么样子的，然后制作一个漫画版的自己，看看是不是很怪异。

（2）想象一下自己走近办公区，大声喊："诸位早上好，大家别忘了，我是最帅的，我每一件事都做得比你们好。"再想象一下你自己大摇大摆地穿过大楼，趾高气扬，一副"我天下第一"的神态。大声地把这句话说给屋里的所有人听，这听起来、看起来荒唐吗？

经历过畏惧之后，有时候，只是装疯卖傻就能让你回到更富有成效的思维方式。下次当你担心自己太靠近悬崖，不敢告诉别人应该把工作交给你，或者给你大好机会时，玩上面的游戏，想象一下在此情境下，最傲慢的你是什么样子的。你将能明白，你绝对是最棒的。记住，这是要你战胜畏惧，得到自己想要的，所以别跟自己过不去。

记住，这是要你战胜畏惧，得到自己想要的，所以别跟自己过不去。

那么现在，怎样才能知道自己已经做到了沉着、自信呢？你认为怎样才算是沉着、自信呢？

行动：站在自信城堡的制高点

接受教练的指导，就是有人正面处理和质疑那些阻碍你成功的信念。他们会找出那些你甚至都不知道其存在的畏惧，帮你质疑自己的想法，这样你就能清楚地看到，负面想法会对你的行动和最终结果带来哪些损害。

如果没有教练帮你，那么你就需要设法调整自己的自信心。就像你温柔体贴地护理你的牙齿、头发和身体的其他部位一样，对你的精神状态给予同样多的无微不至的呵护和关爱吧！我担心的是，我们花大量的时间呵护我们的身体，却几乎不会检查一下我们思想的质量。然而，如果你的思想得不到积极照料，它们就会损害你的行动结果。

我们花大量的时间呵护我们的身体，却几乎不会检查一下我们思想的质量。

你若想赢在职场，就需要由衷地相信自己，让自己有足够的自信。小心提防你之前可能会采取的行动，针对今后你如何应对这些行动，我为你提供以下建议（见表 4-1）。

表 4-1　行动对比表

有人问你是否认识某领域从事培训工作的人，你向他推荐了你的竞争对手或同事	你知道自己有这方面的技能，但是没有给人做过培训。你参加过很多培训课程，掌握足够多的技能，通过学习你有能力胜任这个任务
你参加一个会议，他们在找一位项目负责人，大家都知道谁能胜任，但那个人不是你	你喜欢这个机会。你知道这个项目马上开始谈判了，你找到了自己的天赋，计划了一下你要如何自信地与大家分享你打算如何深度参与并带领大家完成该项目。如果这次不行，那就尝试下一个项目
做一名思想领袖，站起来说"我知道我所说的话让我显得狂妄自大，有好多人比我更了解这一领域"	总会有人成为专家。在我写下我有多少年的经验，读了多少书，我为该工作投入了多少精力，我为这个行业付出多少心血之后，我就知道我也可以成为一名专家。这并不是在贬损其他专家，这只是把我提升到和他们同样的水平，我完全有权利被视为业内的思想领袖

现在，你打算在脑海里注入什么样的想法？通过重塑自己的想

法，意识到自己会因为怕别人说自己傲慢而本能地感到胆怯，你就会理所当然地对自己的价值感到自信，站到自信城堡的制高一点也不傲慢。这对于你赢在职场有莫大的好处！

结果：我能做到、会做到并且会做得很好

我与一名我曾经指导过的成功的摄影师聊天。他认为，如果要去一个新的会场或活动现场见客户，他不会再像以前那样感到紧张不安。我问他为什么会这样，我能感觉到，这个人是经过仔细思考后才给出答案的。他意识到，这是因为内在自信。他知道自己正在做擅长的事，知道怎样完成任务，知道对于新的环境不应感到畏惧，相反应该乐于接受才对。如果这个摄影师没有内在自信，他是很难做到这一点的。就凭他跟我分享这件事，就说明他真的很自信，没有表现出丝毫的傲慢。这就是无声的鼓励，对自己说："是的，我能够胜任我的工作，并且做得特别优秀。"不止一次，我由衷地为他感到高兴。这就是自信。

如果你认为自己没有才华，那为什么别人就应该有呢？如果你不能自信、积极地为自己说话，别人凭什么就该替你说话呢？

这些年来，我不止对一个客户说过这样的话：没有真切的、正确的思维方式，你就像一辆把牛奶当作燃料的法拉利，你看起来很

棒，却不会有什么成就。今天开始就通过正确的思维方式来获得你想要的结果。而这要从培养内在自信开始。

请坚信，你能做到、会做到并且会做得特别好。你有两页 A4 纸的文件作为证明，对吧？

自信 5

学会寻求帮助

畏惧：不敢寻求和接受帮助

你可能会说："这没什么大不了的，我不会寻求帮助！这不能算畏惧！我很优秀，我做事条理清晰，能够做成我想做的事情。"

如果真的是这样，那我为什么要写这一章而且觉得本章内容很实用呢？

常见的观念如下。

- "如果其他人帮我把事做成了，那么就会削弱我的成就感。"
- "如果有人帮我取得了我想要的结果，那么我就是弱者。我怎么就不能凭自己的本事获得成功呢？"
- "没有人会知道，我不知道如何做成我想做的事，我在苦苦挣扎。"
- "我不能找人帮忙！别人会觉得我特别笨，连这个都搞不定。别人都能行的呀！"

当下我们所生活的世界中，患心理疾病的人的数量不断上升。世界满是依靠酒精减压的人，大量吸纳各种励志信息的人。压力让很多人无法投入工作。很多人实际上已经沉迷于手机，连一顿饭的时间都不能没有手机，别说一个假期不用手机了。生活从来没有像现在这样难以应付。

人类不是墨西哥獾臭鼬。我们和墨西哥獾臭鼬之间的区别是，墨西哥獾臭鼬喜欢独居，它可以终其一生很快乐地单独生活。但是人类就不同了，我们不喜欢独处。回想一下穴居人的图画。你曾经见过独自坐在那里的穴居人吗？穴居人是高高兴兴地独自觅食的吗？当然不是！穴居人不是靠单枪匹马去追猎猛犸象而变成了今天的文明人的，他们需要合作。

天性使然，我们一生下来就意味着要合作。然而我们想当然地认为，成功是需求清单上的一碟小菜。这就导致荒谬的畏惧及消极的结果。

天性使然，我们一生下来就意味着要合作。

这会让我们超负荷运转，疲于应对各种难题。这种畏惧心理有不同的表现形式，它会对你穷追猛打，不断地贬损你，提醒你所有人都足够好，只有你不能独立完成任务，只有你会失败，只有你不够好。它会让你觉得只有你做不到，只有你不行。

在读到这些内容时，你可能会理智地认识到，这听起来真疯狂。但是，实际情况是，我们很少举起手说："这太难了！我需要帮助！"

这句话真的需要加感叹号。我们需要有条理地解决问题，制定目标，一步一步地做好规划，这样你就能提前知道，你在哪些阶段可能需要更多的帮助，而在哪些阶段可以独自应付。因为不这样做，任由情绪日积月累，直到有一天，我们会彻底崩溃。到那时候，我们开始失控、发怒、大吼大叫、哭闹着踢打东西，喊道："我一个人做不了！"这是一种偷偷摸摸的、邪恶的畏惧。这种畏惧不仅会破坏你的成功，还会消磨你的自信心和自尊心，甚至让你丧失获得成功的信心。

要应对这种畏惧，第一件事就是：承认这是一种畏惧。

我们应该根除它吗？

示例与练习

示例：主动提出想帮助你的人都是另有所图吗

根据我的经验，我在职场上得到的最大教训就是，要克服不敢寻求和接受帮助这种畏惧心理。经常有人提出要帮助我，我当时以为他们提出帮我是因为觉得我能力不足。与此相反，人们认为我能力出众，他们才想找机会与我共事。他们帮我的另一个原因是他们就是想要帮我，没有什么不可告人的目的，他们不是要破坏我的职业生涯，也不是想抢我的晋升机会。他们真的是出于善意，想让我在合适的时刻完成工作而已。对我来说，我当时的第一反应就是（我跟你们毫不隐瞒），这个提出帮我的人肯定是想从我这里得到点什么，想试图阻止我成功。实际上，这不是在说他们，其实是在说我。这说的是我的不情愿，不是他们的意图（这个问题我会展开详细论述）。在本章，我要与你分享，为了克服这种畏惧，赢在职场，我都采取了哪些方法和技巧。

练习 1：自动反应

你要弄清楚这种畏惧心理如何影响你，问问你自己，你是否能够接受帮助？或者说，你习惯了回答："没事，谢谢，我能行／我可以自己解决。"

有些话脱口而出，在我们意识到自己说了话之前，它已经传入了对方的耳朵。此时我们多么希望自己没说呀！

"你能解决这个问题吗？"

"我当然可以。"

"你好吗？"

"很好，谢谢。你呢？"

你不用思考就能立即回答这些问题。那么，立即回答背后的情绪是什么呢？

- 你担心别人心里会怎么想。

- 这得看是谁在问你，有可能你不想说出来。

- 你不想劳烦他们。

- 你可能不希望别人不尊重你。

- 你不愿意他们分享你的成就感。

- 你不想让人失望。

你有没有想过，他们想帮助你只是因为这是一个能为你做点事的机会。

练习 2：恶性循环时间

在想到有人提出来要帮你的时候，你心里有什么感受？你心里舒服吗？你是不是不愿意接受某些人的帮助，却愿意接受其他人的帮助呢？你这样做的理由是什么呢？

在心里默默回答这些问题，你会发现，我们解决了害怕寻求帮助这个畏惧后，你又对自己多了一层了解。

当你害怕寻求进一步的帮助时，回想一下恶性循环。想象一下，这里出现了恶性循环问题。我曾让很多客户做这个训练，这是一个十分有效的手段，它能帮助你真正弄明白，害怕寻求帮助会给你的成功带来什么样的危害。更可怕的是，你会助长这种畏惧心理。如果你今天助长了这种畏惧，明天它就会变本加厉。这简直太可怕了，对吧？

现在让你脑海里出现恶性循环，想象自己渴望取得更大的成就，却面临巨大的困难——可能时间紧迫，也可能出了差错。此时，你寻求帮助了吗？如果你寻求帮助了，会不会更容易些？

寻求帮助不太容易。在现阶段，我不要求你去设想你已经解决了这个问题。我只是让你想一想，你是否体验过，当有人帮助你时那种如释重负的感觉。你的肩头垂了下来，欣慰地长舒一口气，你的头脑里已经腾出空间来正确地思考如何通过两双手和两个大脑协同合作，找到更好的解决方案，最终实现目标（我只强调解决方案，很少针对问题）。

你是否体验过，当有人帮助你时那种如释重负的感觉。

你要相信，通过寻求帮助，你真的能够获得成功。在阅读这些内容的过程中，你意识到，一想到不寻求帮助已经严重阻碍了你取得成功，你就会呼吸急促。你需要玩恶性循环游戏，看看你的选择会导致什么结果。

- 如果你什么都自己做，事件最可能发展成什么样子？会导致什么后果？
- 这意味着什么？
- 这会带来什么后果？
- 这个后果意味着什么？
- 这让你有何感受？
- 这意味着你需要采取什么行动？
- 你会怎么做？
- 你所做的意味着什么结果呢？

你极有可能开始螺旋式下跌，觉得自己陷入困境，局面失控，不堪重负，好像所有人都在给你施加压力。并且，如果你有负面情绪，你就更有可能采取消极行动，而消极行动又进一步导致了消极结果。那么消极结果会让你赢在职场吗？还是会给你带来更多的畏惧和失败？

如果你觉得自己不堪重负，那么你问问自己，这是否会带来更多负面情绪和消极信念？如"这件事我做不了""我赢不了"。如果不寻求帮助，你是什么心情？

许多成功的企业管理者对我说："我不信任任何人能帮我做好。"我们来看看这个问题。

首先，如果你不让别人帮你完成一部分工作，那你能接受什么后果？后果将是：恶性循环，你生活中得到的全都是负面结果。我想让你切实感受一下，实实在在地提高你的痛苦水平。我想让你感受一下，恶性循环令人无比难受。毫不夸张地说，你会在椅子上坐立不安。

在指导客户时，我会问类似于上面的问题，帮助他们真真切切地感受到痛苦。因为一旦你意识到你的所作所为是多么令人为难和不适，你就愿意不惜一切代价来摆脱这种状态了。

这是一个真实的练习。你可能牢牢地掌控着自己的生活，认为自己不需要任何帮助。但是，每个人在一生中都会遇到需要他人帮助的时刻。你最好明白这个道理，今天接受送上门的帮助，好过因承受过多的想法和压力，满脑子都是如山的工作、麻烦、问题和最后期限而脑袋嗡嗡作响。

每个人在一生中都会遇到需要他人帮助的时刻。

现在，花一分钟时间想一想：你需要做点什么以确保自己在需要的时候能接受帮助？让提供帮助的人承担你想让他做的工作，这样，你就能腾出脑力空间和心理空间为成功注入活力了。

如果你不为这个问题找到解决方案，那么你能接受什么后果呢？

你是否能接受：每当你的办公桌上或生活中堆积了太多的事情的时候，你情绪紧张，过度劳累，大声尖叫或哭泣，内心充满了疑惑，想着"为什么生活对我如此严苛""我怎样才能熬出头"。这会给你的成功带来什么影响？因此，你最好花一点时间把这件事彻底想清楚。

如果别人抢了你的风头你却若无其事，这是一个大问题。不要把重要的工作交给别人，从小事开始意味着只是寻求最小的帮助。例如，你可以让其他人帮你做点你闭着眼睛也能做的小事。如果他们替你做了易如反掌的事情，这就意味着你能够腾出一点脑力空间，集中精力处理那些令你本已过度疲劳的脑袋嗡嗡作响的事情。

我们已经讨论了你为什么需要寻求帮助，也探讨了如何寻求帮助。同样重要的是，请你思考，这会让你感觉如何？

在本章，我们一直在说这个问题。然而，重要的是你需要学会如何重塑与寻求帮助有关的想法，这样你就可以一劳永逸地战胜这种畏惧心理。首先，找出所有与寻求帮助有关的消极想法；然后，将每一个消极想法都替换成积极观念。

消极想法	变成	积极观念
寻求帮助象征着软弱	⟶	寻求帮助象征着我的优点

寻求帮助的消极想法如下（包括但不限于以下）。

- 只有弱势群体才会寻求帮助。

- 他们会窃取我的金点子，并把我的大好机会据为己有。

- 这显得我缺乏条理。

- 求助显得我很差劲。

- 求助显得我无能。

- 我不是三岁小孩，我能应对。

- 想要登顶，就得独立前行。

- 成功人士都单打独斗，他们从不寻求帮助。

- 我不想让别人认为我是个傻瓜。

- 他们会知道我做不了这个。

- 我会看起来很愚蠢。

- 我可能会失去工作。

- 人们可能会取笑我。

上文列出了与寻求帮助相关的消极想法，你可以据此找到"寻求帮助是一件坏事"这个想法的根源。在本章这个阶段，这样做是有好处的。尽管有证据表明，你应该寻求帮助，但是你还是能够为不寻求帮助找到充分的理由。我一直都很喜欢有些客户的做法，他们总能为做或不做某事而找到充分的理由！我很喜欢这种做法，通过正确的对话，我们就能一起顿悟，进而产生更有建设性的想法！

把你的消极想法列一份长长的清单。你为什么认为寻求帮助是个坏主意？你能列出一份多长的清单呢？

寻求帮助的积极观念如下。

- 我腾出了脑力空间，才能集中精力办大事。
- 我发挥我的长处，坦然接受我的不足之处，看看需要改进还是接受现实。
- 我知道我要实现什么目标，这是最重要的。
- 人们尊重我不达目的誓不罢休的决心。

敢于寻求帮助，说明你是充满自信的人。成功人士信奉"一个好汉三个帮"。在所有的组织中，甚至在动物王国里，每个成员都做着自己擅长的事情，保证团体获得最终的成功。

在所有的组织中，甚至在动物王国里，每个成员都做着自己擅长的事情，保证团体获得最终的成功。

通过求助，我一天可以完成更多工作。我能够更快地实现更多目标，因为我能够更聪明地工作。21世纪的成功离不开战略性思维。这就意味着，不去隐藏自己的真实面目会让你心安理得。

哪些积极的名言名句能够让你知道如何接受帮助，从而实现长久成功？哪些让你怀疑自己的思想观念？哪些需要你牢记在心？你的理由是什么？请记住我们在第二章的规划，你想要实现的目标是什么？你还要记住的是，陷于不敢说"是"这种畏惧中，意味着你同意让成功从你身边溜走。现在，这个帮助值得你接受，对吧？

行动：从小事做起，不必所有事情都亲力亲为

多数人都面临的一个问题是，我们像超级英雄一样奋战，但我们却都不是超人。请牢记这一点，你不是超人，无法为最后期限拼出一条出路，或者使用魔法让你的老板给你升职。

但是，你确实拥有超人的能力，这个能力就是立刻启动你的大脑。实际上，你无法凭一己之力完成所有工作，也不能超负荷工作，否则你只会尖叫哭泣，或者拿你家的猫撒气。你的身体可能会出现预警，如夜里失眠、冲家人大喊大叫等。这可能给你本人、你

的家人和你在乎的人带来深远的影响。

我们总是告诉自己，我们要比以前更加努力才能实现终极目标。但是研究表明，我们愿意付出更多的努力去躲避痛苦和畏惧。

想一想，某些事给你带来了痛苦还是快乐（见表 5-1）？

表 5-1　源自痛苦的快乐

痛苦	快乐
临近最后期限，你比之前工作更快、更卖力，你不想让老板责怪你没完成工作	你的工作动机从来都不是在完成工作后，看见你老板的笑脸所带来的喜悦之情
在同学聚会之前及时瘦身，去面对 20 年前的校园恶霸	在那个让你痛苦不堪长达七年之久的校园恶霸面前，你能够悠然漫步，并且看起来过得不错
明天就是最后期限了，为了完成工作，你戒掉了所有的社交媒体	在出色完成工作之后，给自己一个小小的奖励

看到了吧，我们的快乐往往被痛苦所驱使。我在成功地做了多场营销活动后，才明白了这一点。

所以，真切地感受一下你的痛苦，调高自己因不敢求助而产生的痛苦水平。这样，你就会觉得这么多年都不寻求帮助真的是太傻了。像感受看得见摸得着的物体一样感受一下这个痛苦，不寻求努力意味着你愿意限制自己的成功，意味着你同意去伤害你的健康，如夜里失眠；意味着与你挚爱的人争吵，或者责骂你家的猫咪或其他无生命的东西；意味着得不到自己在职业生涯中想要的结果，同时让畏惧影响你的成功。

如果你已经习惯于所有的事情都亲力亲为，你可能不是那种一夜之间就可以改变的人，那也没关系，从现在开始，从小事做起。

采用自然的做事方式

要想实现目标，你就需要找到适合自己的节奏。你如果根据自己的个性特征来做事（而不是按照网上或媒体上的那些普适方法），那么你就能够取得持久的成功。因此，你需要找到你自然的做事方式。换句话说，你有什么办法自然地促使事情的发生？如果你说"我不会促使事情发生"，那也不用担心，这也是一种方式。

你如果根据自己的个性特征来做事，那么你就能够取得持久的成功。

要做到这一点，我们需要弄清楚自己是什么样的人。

如果有人告诉你喝咖啡会让你的牙齿变黑，你当天就会戒掉，再也不碰咖啡，你是这种人吗？

（1）是的，有那么几天，你很难受，并且很怀念有咖啡相伴的日子。但是被告知不能喝了，你就戒了。

（2）你不是这种人，你会说："不！我做不到！我不能没有咖啡。"

（3）你介于两者之间。

请注意，我专门选了一个与工作无关的示例。如果你注意观察你自然的做事方式，你就会发现它无处不在。在你生活的其他领域，它可能会更加明显，但是你肯定会很自然地选择某种行为方式，即使你处在行为各异的人群中，被迫入乡随俗，你还是带有你自然的做事方式。

那么，你自然的做事方式是什么样的呢？还是以咖啡为例。

（1）你会从那一刻起就戒掉咖啡吗？

（2）你自己会戒掉吗？

（3）你会做一个表格或思维导图吗？

（4）你会与人谈这件事吗？

（5）你会努力去戒掉吗？

（6）你会把你的目标发到社交媒体上，保证你会做到并保持良好势头吗？

现在就是好好思考一下你自然做事方式的最好时机。你需要列一个表吗？如果你打算戒掉咖啡，你需要支持吗？你需要其他饮品来帮你度过这段时间吗？你需要在网上研究怎样戒掉喝咖啡的习惯吗？你是空想家还是实干家？如果通过了解自然的做事方式，你能够找回寻求帮助的能力，那么你会从小事做起还是从大事做起？

- 我是不是可以先从雇用一个保姆开始，这样我就能集中精力实现我的职业和商业目标了？

- 我的搭档在泡茶时问我喝不喝，我可以先喝一杯？
- 我是否真的愿意说出我需要帮助？这本身可能就是一个很大的拦路虎。

想一想，在本章开头，我问过你，找人帮助你觉得自在吗？你能随便找个人帮忙吗？你不愿意找某些人帮忙？而在那些你愿意找他们帮忙的人中，你会去找他们吗？你不需要打草稿，但是得先回答下面的问题。

- 我以怎样的措辞提出请求？
- 我需要与他们正式安排一次会面，还是在下次见到他们的时候顺便提出来？

在现实生活中，你开始考虑寻求帮助。

下一步就是，有人提出帮助时，你打算怎样欣然接受并把事办成？

我可以告诉你该怎么做，但是，回到外面的真实世界后，你还是需要自己面对。从今天开始，挑战自己，换一种行为方式吧！

你只需要提醒自己，接受帮助就能开启成功的大门。在这之前，你必须消除这种畏惧，不要觉得寻求帮助就是承认自己低人一等、没有能力或不堪重任。

结果：获得真正持久的成功

你以为巨大的成功都是靠单打独斗得来的吗？我经常看到我的客户坐在我面前，一副困惑不已的表情，想把我的话当作耳旁风。然后，在我给他展示了他一直以来的行为感受，以及分析了这些从何而来时，他眼里闪过一丝光芒，霎时顿悟，那种困惑的表情也变成了"哦，让我们解决这个问题吧！"

我发现很难找到一个人，其成功是完全靠自己实现的。理查德·布兰森是靠自己取得成功的吗？我父亲当时工作非常努力，但他只是靠自己吗？当然不是，他有我母亲的帮忙，他们就是一个团队。离开我母亲，我父亲一个人玩不转，多年来这都是我们家晚饭时的谈资。我们一直都意见一致——巨大的成功都是靠团队取得的。并且，我的成功离不开我丈夫和其他关键人物的支持。我想不出来一个仅靠自己就能取得成功的人。

音乐界的明星们都有经纪人，这些人就是他们的左膀右臂。莫汉达斯·甘地（Mohandas K.Gandhi）一直都是一位智者，他迈出了第一步，但他靠的却是成千上万人参与的群众运动。特雷莎修女（Mother Theresa）激励了无数个人，但是这仅仅是她自己的力量吗？纵观古今中外，我找不到一个靠单打独斗就能取得巨大成就、获得持久成功的人。

我找不到一个靠单打独斗就能取得巨大成就、获得持久成功的人。

横渡海峡的人是他自己一个人做到的吗？你可能会说他是一个人做到的。但是，他总会有支援船吧。甚至还有人负责给他涂抹一种特殊的油脂以减少身体直接散热及水分流失，否则他无法顺利游到对岸。

我看到一个企业管理者雇用了好几个关键员工，而在一年前，他还自吹自擂说他自己什么都能搞定。而后他的企业拿到了梦寐以求的合同。毫不夸张地说，他的顿悟让企业迈上了一个新的台阶。

克服不敢寻求帮助的畏惧，明白如果战胜了这种畏惧，你更有可能将巨大成功和赢在职场提上日程。

自信の

学会拒绝

畏惧：害怕说"不"

说到成功，除非你制定了 1 年、5 年和 10 年的规划，并全身心地投入其中，否则，你就很容易养成一种习惯：对你所遇到的所有机会和要求都说"好的"。你会说："这有什么不对的吗？"如果你打算在这个星球上逗留 250 年的话，这没什么不对的！

我见过很多才华横溢的人，无论遇到什么事情，他们总是习惯于说"好的"，但无论他们怎么努力奋斗都很难得到自己想要的结果。实际上，他们没有一件事真正有动力或投入精力去做。

许多人害怕说"不"，是因为他们会想："不做的话，别人会怎么评价我？我们是一个团队，我不做的话其他人会不高兴。"

你是否遇到过把"能帮我一下吗"挂在嘴边的人？他们总有一点小忙需要你帮一下（通常在周五下班前）。怎样跟他们说"不"呢？这会不会有损于你的事业或成功？

实际上，很多时候，成功人士都学会了说"不"。我们来看看他们为什么了解"不"这个字的力量，以及他们怎样说"不"。

不敢说"不"会降低你取得胜利和成功的概率，你也很难得到自己想要的结果。

首先，我们来看看不敢说"不"会给你的成功带来什么影响。

不敢说"不"会降低你取得胜利和成功的概率，你也很难得到自己想要的结果。如果对每个人都说"好的"，你可能会不堪重负。就像我们上一章讲的，不堪重负不仅阻碍你取得成功，也有损你的健康，会影响你挚爱的人以及生活的各个方面。因此，如果你想提高成功的概率，就需要处理不敢说"不"这个问题。

问问自己（你可以选择把自己的想法写下来，或者只是花点时间想一想）："不断地说'好'意味着什么？"你能接受以下情况吗？

- 我接受不能满足最后期限。
- 我接受更长的工作时间。
- 我接受感到疲惫不堪和压力重重。
- 我接受没时间做晚餐 / 给孩子读书 / 陪爱人看电视。
- 我接受累得不想看书，看不了三页就睡着了，所以我无法实现个人成长或职业发展。
- 我接受讨厌那个总是让我帮他完成工作的人，因为他自己干不了这个活。
- 我接受讨厌那个人，因为他的工资比我高，而我却得不到认可。
- 我接受觉得我的成功不如周围的人重要。
- 我接受失败。

"不"这个字让许多人瞻前顾后，不敢轻易说出口。

"不"这个字让许多人瞻前顾后，不敢说出口。它是我们出生后最早学会的几个词之一。我们学着说"你好""再见""妈妈""爸爸""请""谢谢""是"和"不"。其中，我们说得最多的话就是"不，不，不"！

- 我不想睡觉。
- 我不想吃蔬菜。
- 我不想洗头发。
- 我不想去上学。
- 我不想洗鞋子。
- 我不想打扫房间。

所以成年后，我们很自然地不喜欢这个字。难怪我们会尽最大努力远离这个字！我们迫不及待地说"好的"，以求远离"不"这个字。

我们的大脑很聪明，它会把所有的东西都储存起来。尽管你没想起来，但你的大脑早已在潜意识里把它收起来了。所以，每一次有人对你说"不"的时候，这个字早已存在于你的脑海里了。我猜，你对于"是"这个字的美好回忆要比"不"这个字多得多。因此，毫不奇怪，这就是一种很自然的畏惧心理，我们甚至都察觉不到其存在，它却蚕食着我们成功的机会。

我们先看看那些把"能帮我一下吗"挂在嘴边的人。他们看起来人畜无害，并且常常都是特别友好的人。同时，在你帮助他们的时候，他们就能够继续追求自己的目标。在上一章我们讨论过，想要成功，你需要寻求帮助。这些把"能帮我一下吗"挂在嘴边的人在这方面没有问题。他们知道，在你为他们做苦差事的时候，他们可以加快成功的步伐，不让自己的目标脱离正轨。这样久而久之，你就开始觉得气愤和不满。你开始知道他们给你打电话，或者满脸笑容地向你走来的目的，因为你知道接下来的一幕是什么！那些把"能帮我一下吗"挂在嘴边的人总是一脸微笑，"谢谢"不离口，但是微笑和"谢谢"会帮助你升职吗？"不"这个字倒是有可能。

示例与练习

示例：尽职尽责总是对的吗

我指导的一位客户曾在一个很大的部门工作。当时部门里的人都不接听电话，因为他们知道我的这位客户特别尽职尽责，愿意竭尽所能地维护公司形象。

如果有这么一位包办一切的人，其他人何必费劲去接听电话呢？他们可以继续做真正有意义的工作，假装听不见电话响。他看起来就像是在偷懒，因为他总是在接听电话，以至于经常误了最后期限，完不成目标。

虽然他尽职尽责，但我让他意识到了自己能接受什么后果：在部门里没人尊重他，与其他同事相比，他没有晋升机会。突然之间，电话成了他的头号公敌！

我想办法重塑他对电话的看法，我很高兴地宣布，他现在带领着一个拥有 40 多位成员的团队！

如果你总是说"是"，那么这对于你的成功来说可能是一种损害。

练习 1：应对把"能帮我一下吗"挂在嘴边的人的策略

你做事缺乏规划，这并不构成我这边的紧急情况。

我们看看有什么方法和技巧能让你以最好的方式说"不"。在我帮你制定应对把"能帮我一下吗"挂在嘴边的人的策略之前，我要与你分享特别漂亮的一句话："你做事缺乏规划，这并不构成我这边的紧急情况。"在应付把"能帮我一下吗"挂在嘴边的人的时候，最好把这句话默记于心，理由如下。

（1）不断帮助那些把"能帮我一下吗"挂在嘴边的人，你就是在剥夺他们学习新技能的机会。尤其是按优先顺序处理事情的能力和组织能力。他们需要这些技能吗？他们不擅长处理这些任务吗？还是他们不喜欢做这些事？抑或是觉得你好欺负，或者与他们相比，你更擅长做这些事？无论哪种情形，认识到这一点对制定策略来说很重要。

（2）如果你不断帮助一个把"能帮我一下吗"挂在嘴边的人，那么就没人发现这个人的短板了。这可能意味着你所在的企业正在错失提高盈利水平和生产效率的良机，因为你实际上是在掩盖影响整个公司的问题。

（3）如果你觉得这件事让你很不舒服，觉得自己被利用了，是不是很有可能其他人也有同感？意志坚定的人总能得到自己想要的东西，因为他们有很强的沟通能力，尤其是说"不"的能力。学习这些方法可以帮助你学到新的策略。这些策略会帮你提升沟通能力，成为意志坚定的人，敢于说"不"。

有了这些知识，你就能够想出策略来应对这样的人，并且在一定程度上营造出一种双赢的人际关系。重要的是，在成功的过程中，你打造了一种人际关系，它让双方都觉得这很公平。这样做不仅对你和你的成功有好处，其他好处我们将在后面的章节详细论述。

重要的是，在成功的过程中，你打造了一种人际关系，它让双方都觉得这很公平。

职场上的人际关系应该是双向的，即双方都能够受益和履行职责，而不是你一直在付出。否则那就成了一件苦差事，使人精疲力竭，有害无利。毋庸置疑，双赢是赢在职场的关键条件。

对于把"能帮我一下吗"挂在嘴边的人，你很难拒绝他们。你知道总是说"好的，好的"会对你的成功带来什么影响。现在到了找一种方法对他们说"不"的时候了，做到不失礼貌，又能达到自己的目的。

想一想那个总让你帮点小忙的人，你可以采取什么样的处理方式呢？想想自己是什么类型的人。如果你是一个腼腆、文静的人，转身叫他们走开，这种建议不太适用。首先，这很不礼貌；其次，这会让你在成功的道路上没有朋友或盟友（成功需要恰当的支持）。

那么，什么方式适合你呢？你自然的做事方式是什么？你如何应对困境？有些人总是说"好的"，因为这更简单。但是，这真的简单吗？总是说"好的，好的"，你能接受什么后果？

你需要学习更多策略，从而自信地说"不"（不用非得说"不"字）。

你可能会发现，刚开始，你还是帮了忙，但是即使你没有看到预期的结果，你也是成功的，因为你尝试过了。那么，在每次尝试之后，问问自己这样的问题。

- 我做了什么？

- 我觉得做什么有效果？

- 我觉得哪里可以提高？

- 我觉得怎么做会效果更好？

- 我问他们什么样的问题，就有可能把责任再推回给他们？

- 什么事情会让我觉得更加自信？

每一次失败后，只要你不停止尝试，那就不算是失败。所以，请练习、练习再练习。

我们看看你可以使用哪些措辞，以及如何使用这些措辞来取得工作上的成功。记住，一定要自然，不能生搬硬套。

- "我也在苦苦挣扎呢，要不换个时间，我可以和你坐下来好好解决这个问题。我手头工作的最后期限就是五点之前。"

- "我很想帮你，但是我的工作的最后期限就是下午五点。下次上午就给我打个电话吧，我们一起研究这个问题，我们需要大约 45 分钟的时间。"

- "你知道我之前也特别讨厌这种问题，但是我发现，通过 a、b 和 c 三个步骤，用不了 1 小时就可以完成了。你想让我教教你吗？"

- "我下周要与 ××× 开会，我到时可以就这个问题与他展开讨论，帮你更好地掌握这个系统。"

- "你需要的信息都在网站的这个页面上，这个问题很常见。

如果你找不到解决方案，可以告诉我，我们另找时间重新研究一下，怎么样？"

- "这一次我很愿意帮忙，但我要做的就是把问题抄送给我们的经理，这样他就知道咱们遇到了问题，而这个问题影响我们的工作。"

你注意到了吗？所有这些示例里都没有说"不"，而是把工作责任推回给把"能帮我一下吗"挂在嘴边的人了。注意，重点是你愿意给予帮助，但是你也明确地告诉他们，你与其他人一样，忙着自己的计划。注意，你把谈话内容引到他们身上，就像打网球时把球打回去。现在来处理这件事是他们的责任，不是你的责任。

练习2：语言的力量

记住不要说推卸责任的话。你很容易有以下这样的想法。

- "真懒！总找我干这个活！"
- "我就知道，他们不应该懒懒散散地喝咖啡！"
- "我不会留下加班，让他们有时间去喝酒，这是他们的问题。"
- "我简直受够了。你看起来很潇洒，工资比我高，却不会告诉老板我帮你干了多少活！"

所以，控制好自己的想法。这样，你的负面语言就不会脱口而出。推卸责任只会激怒他们，让他们公报私仇，或者让你充满愧疚感。

同样，最好不要问以"为什么"开头的话。最好是问"是什么"这样的问题。因为这些问题会减少你的愧疚感。

× "你为什么这样做？"

√ "你这样做的原因是什么？"

× "你为什么不能帮忙？"

√ "你不能帮忙的原因是什么？"

不要说"你昨天为什么没完成工作"；相反，可以问"是什么原因让你拖到了今天"或者"还有其他什么事情是我可以帮你或指导你的吗"。这样提问可以把责任推回给对方。提问方式的作用很大，它可以创造回旋余地，让对方承担起工作责任。我深有体会，因为我培训了很多人，帮助他们做到了这一点！

我们的目的就是避免在对话中出现负面措辞，如果你做到了这一点，你几乎就找不到使用"不"这个字的理由了。

练习 3：后果游戏

我们先玩一下毁灭版假设游戏。记住，当你揭示并直面某种畏惧时，你就能使它变得可控。如果你觉得畏惧小多了，你就能更好地应对它。如果你任由畏惧去感染你的心灵，畏惧就会越来越大，长出吓人的獠牙，流着毒液。所以，我们应该一点点削弱和减小畏惧，而不是任由其发展。

- 如果我拒绝了，老板把我辞退了怎么办？
- 如果我拒绝了，对方会向全公司的人说我这么做简直太傻了。
- 如果我拒绝了，我同事会把我揍一顿。
- 如果我拒绝了，对方哭了怎么办？
- 如果我拒绝了，对方会把满桌子的东西都扔到地上。
- 如果我拒绝了，对方会躺在地板上，像个三岁孩子一样发脾气，大叫着说我是一个刻薄鬼。

记住，通过揭示一种畏惧心理是多么愚蠢且不可能发生，我们就能把它变得现实、可控。

不敢说"不"的另一个原因就是，你可能担心别人对你产生不好的想法。你总觉得自己要有一定的团队意识或者应该显得无所不能。但是，在有人让你做这做那的时候，问问自己："这符合我的目标吗？""这与我的成功计划一致吗？"

问问自己，你是否因为与人合作才实现了某个目标？如果是，他们会说什么？你有没有问过他们有什么看法？

练习 4：采用自然的做事方式

这是一个不错的练习。想想你感到舒服的状态，我不是指在星期天晚上躺在沙发上，而是指你的职业生涯。在哪里你很自然地觉得自己出类拔萃且一切都很顺利？你何时知道自己很棒，有些成就感？你发现了什么？是否就在办公室的办公桌旁，在这里你轻松地做着多个任务且做得很顺手？每个人都有自己擅长的事情，你不用绞尽脑汁深入探究；你不再轻视自己的才华。我知道你能够找到一个地方，一个你觉得自己完美无瑕、独放异彩的地方。这个地方在哪里无所谓，重要的是你发现了什么！

- 这是你的感受方式吗？
- 这就是你所看到的吗？
- 这就是你所做的吗？
- 这就是你所听到的吗？
- 你是孤军奋战吗？
- 你需要设备吗？在办公室里或笔记本电脑前，你手里握着笔吗？

对有些人来说，这很简单。他们可以想象出这个情景，好像亲临现场一样，看到每个细节。如果你不是这种人，那么翻一翻自己的日记本，看看过去几个月你在做什么，哪一天特别与众不同或轻松自在？这是由什么带来的？

通过这个练习，你就能够了解自己是什么样的人。通过本书的学习，你能加深对自己的了解；你还能知道对自己来说什么最重要、你喜欢什么，以及你自然的做事方式是什么。然后你就能一次又一次地复制这些技能。

现在把你发现的现象列出来。无论你选择用笔写下来，还是在心里想象一下。顺应（而不是对抗）你自然的做事方式，你就能够开始实现目标。这个清单包括但不限于以下几点。

- 我很高兴。
- 我很放松。
- 我很有条理。
- 电话已关机。
- 我独自一人。
- 我列了一个清单。
- 我昨天睡觉很早。
- 我刚收到了一个好消息。
- 我是第一个到办公室的人。

什么原因让你把某项内容写入清单？现在，在制作说"不"的策略之前，先完成这个清单。你可以把这个清单打印出来，然后贴在日记本上或桌子上，甚至做成屏保。你也可以把它装裱一下，或者做成冰箱贴贴在冰箱上。我不关心你把它放在哪里，你只需要做成一个视觉提示，这就是你自然流露出来的做事方式，它能帮你赢在职场。

例如，你喜欢早来办公室，因为这时屋里比较清静，没有爱讲闲话的人，面对这一天的工作清单，你知道自己早就完成了需要提交给史密斯女士的重要工作，尽管周五才是最后期限，这样你就有脑力空间集中精力做新的工作。

如果你想完成更多的事情，了解自己自然的做事方式真的很有帮助。所以，花点时间做这个练习，它将对你大有裨益。有时候，我们能让自己惊讶不已。

如果你想完成更多的事情，了解自己自然的做事方式真的很有帮助。

知道了自己自然的做事方式，你就可以弄清楚，你在哪方面更自信，就可以更自在地说："你想要掌控我的时间和我的成功，这我可不能接受。"这很激动人心，对吧？

行动：减少说"好的"的次数

我认为减少说"好的"的次数的有效方法是，每次有人找你帮忙的时候，你问问自己这个问题："如果你对所有人都说'好的'，你能接受什么后果？"

对别人说"好的"是如何影响你成功的呢？这里讲的不是"可接受的范围内的工作"。这里讲的是，找合适的人谈谈，找到一个方法，打造一个更好的工作方式。我的任务是帮助他们意识到，这种事确实会发生，同时帮助他们找到更好的做法。

你心里可能有更好的方法。在这种情况下，这可能是一个机会，让你有恰当的理由引人注目。这也可能是你脱颖而出、赢在职场的机会！

你的方案是不是不仅能够提高你自己和你同事的生产力，还能帮助公司提高整体生产力？

行动起来吧！

另一个应对不敢说"不"这种畏惧的方法是，看看哪些人擅长说"不"。我很钦佩那些政治家，因为他们有能力说"不"。

你认不认识这样的人：以这样一种方式对某件事说了"不"，结果每个人在离开时，都觉得自己得到了自己想要的结果，然而实际情况却是，只有一个人得到了自己想要的结果。

- 他们都有哪些特征？
- 他们是怎样发言的？
- 他们是怎样站的？

- 他们是怎样讲话的？他们的语速是快还是慢？他们的声音是高还是低？
- 他们给人什么感觉？

找一个这样的人：你钦佩他的沟通能力，大家都觉得他很特别，他总是能得到自己想要的结果。通过观察那些擅长专注于工作、集中精力实现自己目标的人，你会从他们身上学到一些方法，从而让自己专注于目标，确保自己有能力在必要的时候说"不"。

结果：对自己的成功负责

从根本上说，每个人都应该对自己的成功负责。通过学习说"不"，你帮助他人为自己的成功负责，你也没有阻碍他们学习如何获得成功！

如果你想掌握说"不"的技巧，那么就要先学会思考"好的"。你要对某些事说"不"，因为这些事会让你不堪重负，与自己的目标和成功渐行渐远。请考虑下面的问题。

- 你想对什么事说"好的"？
- 你想拥有什么样的机会？
- 在办公室里，你愿意找谁帮忙？

- 你会高高兴兴地为谁抽出一个小时的宝贵时间，演示一下你是怎样为他们的业务提供帮助的？
- 你愿意与谁共事？

从根本上说，每个人都应该对自己的成功负责。通过学习说"不"，你就是在帮助他人为其成功负责。

切记，如果你不把自己的目标灌输到自己的思维中，你的大脑就很自然地回到更消极的状态。我们的大脑也是一块肌肉，与其他肌肉一样，如果不使用，它就会逐渐萎缩。所以，请思考自己需要对哪些阻碍你成功的事情说"不"，以及应该对什么事情说"是"。

自信 7

当众发言不胆怯

正如我们在本书中了解到的，并不是所有的畏惧都会蛮横地跑到你面前。有些畏惧躲藏在头脑里，阻碍我们成功，我们需要把它们找出来并斩草除根。我接触过的所有害怕当众发言的人都告诉我，害怕当众发言这种畏惧一点也不狡猾，它从不隐藏其意图。

畏惧：羞于当众发言和展示自己

害怕当众发言这种畏惧最轻微的表现是，你感到紧张，好像忘记了想要说什么。它最严重的表现是，你感到喉咙发紧、大汗淋漓、禁不住手抖；你觉得心脏怦怦直跳，好像要蹦出来了一样；你觉得血压升高，脑袋快要炸了。这些不仅是我这么多年来听我所帮助的人描述的，也是我亲身经历过的。

多年前，我体验过害怕当众发言这种畏惧。当时，他们让我为企业管理者做一场 20 分钟的演讲。毫不夸张地说，当时在卫生间里，我特别希望自己昏倒在地。我知道，想要成功，我必须克服这种畏惧，莫名其妙地，有个类似我自己的声音说："是的，我喜欢在大型活动上对着 50 多个人演讲。"然而，在内心深处，我在祈祷，让我的脾脏破裂吧，这样我就能躲过这次演讲，撤下我的网站和在线营销内容，然后跑到玻利维亚躲一辈子。

所以我知道这种畏惧是什么样子的。我还知道怎样应对它。我们还可以继续质疑，为什么需要费力去应对这种畏惧？

我接触过一位女商人，20多年来，她总能想方设法逃过演讲。但是，在我们一起探讨这种畏惧时，她意识到了这种畏惧给她的事业带来了灾难性的影响。当众发言并不总是要站在50个人面前，或者在一个体育馆那么大的空间里传达自己的信息，让听众欢呼呐喊："你真棒！"有时候，当众发言就是在一个只有四五个人的小团体里传达信息，你能很好地控制这个团体，讲话不被打断，不被当成耳旁风，或者不觉得自己的观点无关紧要。

有时候，当众发言就是在一个只有四五个人的小团体里传达信息。

- 类似事情有没有发生在你身上？
- 在一群人中，你有没有觉得自己说的话根本没人听？
- 在对话结束后，心想："我多么希望我说了这句话！"
- 你有没有张口结舌，坐下后心想："我说的都是些什么话啊！"
- 你有没有望着屋里的其他人，心想："我希望你闭嘴一分钟，让我来说说！"
- 你有没有这样想过："我知道自己要说什么，就是说不出来！"

如果这样的事情在你身上发生过，或者你对开口发言心存疑虑，那么本章会帮助你克服在所有地点及所有场合发言的畏惧。你需要记住的一点就是，这种畏惧可能会全面影响你的生活。你是否遇到过下列情形，你想要一辆新车，紧张得无法告诉销售人员自己想要的是哪种。想让你的家人听听你的观点，或者想让家委会成员听到你的声音，但你不知道如何开口。我曾经读过这样一句话："有效沟通的能力是影响你成功的最大因素。"我赞同这个说法。

　　这种畏惧的表现形式多种多样。最终，你可能变成那个总是拒绝在会议上发言的人，或者放弃在职场上展示自己的机会的人。一提到你，大家的第一个想法就是"别问他，他不会的"，这会给你的职业生涯带来什么影响？又会对你的成功产生什么影响呢？这会让你看起来有团队精神吗？是一个值得信赖的人吗？是勇于接受挑战的人吗？如果你害怕在 10 个同事面前展示自己，我们敢委托你去与最重要的客户打交道吗？能给我们签订合同吗？因为你不会去做，所以你周围的人会怀疑你的能力。

　　花一分钟的时间问问自己是否羞于当众发言和展示自己，以及这给你的成功带来了什么后果。有时候，当众发言就是自信地说出你的意见而已。在本章，我们要看一下，你需要在身体、情绪和心理上做好什么准备，以便于在任何环境下都能够顺利地当众发言。

　　有时候，当众发言就是自信地说出自己的意见而已。

示例与练习

示例：逃避当众演讲长达 20 年的女商人

一位女商人在长达 20 年的时间里，都能临时改变主意，躲过每一场讲话。现在面临的这场演讲，她是无法让员工代劳了。这位女士非常有才华、专业和优秀，在业内备受尊重，而她多年来都成功地隐藏了自己对当众发言的畏惧。

这次，不是在工作场合对 50 个人演讲，而是在一次全国性会议上介绍一件作品，要在手持麦克风在舞台上发言。她几乎没有接受过当众发言方面的入门级培训。这对她来说绝对是相当恐怖的事情。她把这视为成功之路上可以扫除的障碍，所以她拨通了我的号码。

我们一起弄明白了为什么当众发言对她来说是一种畏惧。像她这样在业内备受尊敬的人，怎么会害怕起身做个介绍？她应邀参加会议，在那个房间里的 300 个人中，她是大家推选出来的专家。我努力帮她建立信心，尽管在座的都是与她有同等地位的人，但他们很尊重她，他们不是等着看她失败。她学到的最重要的一点就是，她得接受一个现实，即她是一名专家。对此，我们在身体、情绪和心理方面做了大量的准备工作。

畏惧并不会因为你让它离开，它就会自动离开。我提出了一些方法和技巧来帮助她克服演讲恐惧。我还建议她在开始之前给我发短信。我给她回短信，告诉她简直太棒了。这不是我的一己之见，我补充说，这是在听众席上坐着的 300 个专家的一致评价。她做到了。我还为她准备了一些有形的辅助。那就是在通电话时，她是十分自在的，所以在会话过程中，我做了这样一个练习，即让她把麦克风想象成电话。在你想要实现新的目标时，尤其是你的大脑被畏惧影响时，使用视觉线索真的有很大帮助。视觉线索能够帮你克服大脑的自然反应。

畏惧并不会因为你让它离开，它就会自动离开。

这位女商人在台上做到了她 20 年以来一直在逃避的事情，在 1 小时之内，我收到了她的短信，她说自己不仅做到了，还同意出席另外两场会议并发表演讲！这将对她的事业产生积极的影响。

如果你已经探索过这种畏惧表现形式，你有什么感受？真正地探索一下这种感受，看看有多么糟糕。如果可以量化，那它看起来是什么样的？你怎样描述它？

练习：假设游戏

你可以通过恶性循环练习来真正地理解，对当众发言的畏惧会给你的成功带来什么样的影响。这会阻止你采取哪些行动呢？

- 在个人生活和职业生涯两个方面，会给你带来什么影响？
- 这有什么意义？

我能想象到的最好的结局	我能想象到的最坏的结局
不考虑时间、金钱或技巧等限制条件	装傻和异想天开——让你的思想疯狂一把，记得假设游戏的示例吗？你失去了一切，包括家庭和工作，你住在满是污泥和雨水的山洞里，都是因为你希望得到自己想要的结果

玩假设游戏是一个好办法。这样做你就能开始挑战自己自然的思维方式了，这意味着你的头脑对新的思维方式开放了。如同本章示例所示，几节课的时间改变了严重影响她长达 20 年的思维方式。那么借助本章的内容，你也可以改变。

行动：注意身体语言并适当练习

昂首站立

达娜·卡尼（Dana Carney）、埃米·卡迪（Amy Cuddy）和学者安迪·叶（Andy Yap）做过一项杰出的研究，研究表明，如果站得像个超级英雄，你就会从根本上改变自己的行为方式，这会进一步提升你的成功率。两脚分开与肩同宽站立，昂首挺胸，心里想着神奇女侠或蝙蝠侠（那么多的超级英雄，总有你喜欢的），就好像你刚刚把反派人物打倒，把世界从毁灭中拯救回来，而自己毫发无损一样。挺胸、抬头、骄傲自信、无所不能……据说，你这样站就会表现得更好，进而取得更好的结果。

抬头挺胸，你自然就会感到自豪、信心百倍、无所不能。

不管你现在在哪，请你耸肩、身体前倾、皱眉、目光低垂、下巴拉到胸前、没有眼神交流并呼吸短促，想象一下，你在做演讲，这是什么感觉？现在坐直，双肩向后张开，头向后仰、微笑、大大方方地与他人进行眼神交流、抬头挺胸并深呼吸，然后想象一下自己马上就要做演讲，你感觉如何？

- 首先，摆消极姿势，悲观地思考。
- 其次，摆消极姿势，乐观地思考。
- 再次，摆积极姿势，悲观地思考。
- 最后，摆积极姿势，乐观地思考。

你能发现自己需要采取什么行动吗？你觉得好的站姿是什么样子的？为了让你有信心克服这种畏惧，你需要学会以昂首挺胸的姿势站好，说"我已经做好了行动准备"。你需要好好练习。

一个很好的练习方法就是对着镜子自言自语，你可能觉得不太自然，但是，如果你能对着镜子讲话，那么对着观众演讲就会容易得多。现在，请你对着镜子摆出各种不同的站姿，看看什么姿势让你觉得最舒适。

安放双手

许多人不知道自己的手应该怎么放。政治家需要接受训练，才能确保他们手心朝上（这样他们看起来比较开放和诚实），而不是让手用力向下（把他们的观点强加给你）。所以，如果你发现自己的手不受控制，那就把手自然地握住就好，但不要用力地握在一起。

站稳还是踱步

我应该站着不动还是走来走去？要回答这个问题，最好先想想："我在对谁演讲？"你的听众是想要一场快节奏的讲话、一次专业演讲还是放松的对话？抑或是深度独白或讨论？通过考虑听众的预期，你可以想一想听众希望看到你有什么样的行为。

通过考虑听众的预期，你可以想一想听众希望看到你有什么样的行为。

一方面，如果你即将面对满屋的听众，想得到他们的激励与鼓舞，那么完全可以在屋里走来走去；另一方面，如果你想显得更专业并且吸引听众的注意力，那么让听众的脑袋跟着你这个"运动员"转来转去绝对不是个好主意。所以，你需要在静止不动和走动之间找到自然平衡。走动能防止听众感到无聊。记住，即使拥有世界上最强的意志，即使你是世界上最伟大的演说家，你也应该知道听众保持注意力集中的时间是有限的。

放缓呼吸

你需要记住的一个动作就是呼吸。我知道这听起来有点可笑。但是，当你紧张时，呼吸会变得急促，同时心跳加速，轻微头疼。把手放在你的肚子上，练习腹式呼吸法，让你的手上下起伏。如果你使用胸腔呼吸，那么你的呼吸就太浅，容易引起紧张。你还要让自己停顿几次。停顿有以下两个好处。

首先，你可以趁机换气；其次，停顿让你在演讲时可以强调某些词句，也可以让听众消化一下演讲的内容。演练一下，看看应该在哪里停顿。在授课时，我让学员在演讲时加入长时间（几秒）的停顿，这是让听众处理信息和进行思考的绝佳机会。几秒的时间没有你想象得那么长，所以，你可以试试看。传统的 60 秒电梯游说就是一个很好的示例。在 60 秒的时间里，你可以说那么多话。而在这宝贵的 60 秒里，几次较长的停顿也同样有影响力。做一下本章的行动和练习，找到你自然的做事方式吧！

几秒的时间感觉很久，但这是让听众处理信息和进行思考的绝佳机会。

练习新技能

在行动方面，你需要记住的重要一点就是，要想克服和根除这种畏惧，你需要学习一些新技能和新技巧。不是所有的畏惧都可以单凭信念就被克服的。要想真正地根除它们，你需要学习新的技能来匹配你的思维模式。在此，我与你分享几个方法和技巧。不可否认的是，还有好多比我更博学多才的作家，会为你分享一些如何成为演讲专家的方法。我读过的最伟大的著作是著名演说家科林·麦克林（Colin McClean）（我马上就要分享他的头条建议）送给我的。他指导过 BBC 和许多胸怀大志的商业领袖和电视节目主持人，帮助他们成了伟大的演说家。上面提到的书是麦克斯·阿特金森（Max Atkinson）写的《把你的耳朵借给我》（*Lend Me Your Ears*），这是一本关于如何成为一流演说家的书，很值得一读。

科林很好地为我总结了如何当众发言。考虑到我也曾体验过严重的演讲恐惧，因此在科林·麦克林这样伟大的演说家面前发表演讲，畏惧感更是强烈。

科林说："曼迪，你就是那种懂得找到自己风格的真正意义并引以为豪的人。"他是对的。如果你的风格就是害怕当众发言，在你找到一种自然的风格并且不再迟疑的时候，你就会知道，你已经克服了这个障碍。是的，你渴望不断进步，学会新的技巧，尝试新的方法。你要相信，你能行，你有自己独一无二的风格。

如果你的风格就是害怕当众发言，在你找到一种自然的风格且不再迟疑的时候，你就会知道，你已经克服了这个阻碍你获得成功的困难和巨大障碍。

克服当众发言的畏惧的其他方法

还有一些方法可以帮助你克服当众发言的畏惧。

1. 练习，但不要过多地练习

我曾经见过一个人，他站在台上，拿着无可挑剔的稿子，结果稿子掉在了地上。然后，前五分钟的时间，他都在为掉稿子道歉！我的建议是，不要只是从开头练习，你可以从中间练到结尾，再从头开始，也可以从结尾练到中间。这样，如果遇到听众打断你或其他突发情况，你也可以从被打断的地方自然地接着往下讲。讲话时不要死板僵硬（除非演讲是这样要求你的），大多数情况下，演讲需要流畅。

但是，你也不要做过多的练习。如果你害怕当众发言，你可能会在不断练习中让自己重新产生这种畏惧！在练习过程中，记住本章的其他要点，以及那些激发你的思维模式的方法。如果你视觉敏感并打算依靠视觉提示，那就用视觉提示来演练。但是，过度演练就像临近大考，结果坐你旁边的那个人貌似比任何人都努力地去死记硬背，刻苦学习，这让你十分恐慌，觉得自己准备得不够充分。

其实大可不必。

2. 不要读稿子

你是你所在领域的专家，这就是他们让你做演讲的原因。这一点我总是提醒那些怕当众发言的人。人们不会邀请一名摄影师，为满屋的脑外科医生就复杂的脑外科手术做演讲。我们觉得当众发言可怕的原因之一就是不知道别人会怎么想。现在，你只需要记住，人们邀请你做演讲，就是因为你有这方面的知识。人们不是想抓住你的把柄，他们真的是想听听你的观点。所以把稿子掉了的那个人站在台上一定觉得糟糕透了。因为这实在是太窘迫了，其实他不知道，我们很同情他的遭遇，也愿意支持他做好演讲。试一下！站在镜子前，别拿稿子，给自己做一场演讲。你会发现，你的临场效果更好了。你的站姿、双手，甚至是你的呼吸都好多了。所以，请丢掉稿子，读稿子会让你显得不专业。你唯一需要稿子的时候就是你需要强调别人观点的时候，或者你在分享别人给你的证明材料时。

3. 记住，你完全有资格进入这个房间

你就是大家推选出来的专家。在第 10 章，我将帮助你控制自己应该想什么，现在，你只需要承认，这与你学到的技巧和你的站姿同样重要。

4. 如果出错也无须道歉

记住，只有你自己知道你要说什么。我见过好多次，演讲者早已跑题了，但是听众依旧听得兴致勃勃。

5. 除非万不得已，不要使用术语

术语过多会使你疏远听众。只有想让自己看起来聪明的人才会使用术语。只有在某些场合才适合使用术语，届时我会告诉你是哪些情况。但通常情况下，使用术语会招来大家的质疑。

6. 学会巧妙地回答问题

质问者会问机智的问题，也会问尴尬的问题。我遇到的质问者，有些是因为没能登台而恼火。还有一些人感到恼火是因为政府减少了对他们的资助，却不得不听我告诉他们该如何寻求业绩增长。如果你不得不出席一些充满敌意的场合，记住这不是你的错。那是别人的日程安排，不是你的。你是被邀请来演讲的，他们不是。有问题的是他们，不是你。你还是很棒的。如果发生了可怕的事情，这意味着你是组织者选定的专家。还记得第三章中说的傲慢和自信之间有一个分界线吗？所以，请沉着、自信地说："我是他们选定的专家。"记住卷入与他们的争论是对其他听众的不公，这会显得你很不专业。你要始终问自己："我在这个演讲场合想得到什么结果？"在离场之前你都要表现得特别专业且值得信赖。所

以，考虑到这一点，接下来，我为你准备了一些应对之词，我经常使用这些技巧，并且收到了很好的效果。

- 鉴于在接下来的半小时里，我还有不少内容要讲。最后我会为大家留 5 分钟的时间进行探讨。
- 很感谢您强调这个问题，许多客户都有类似的问题。所以，请您落座，我会给您演示我们是怎样为他们解决这个问题的。最后你可以告诉我，这些办法在没有金钱和时间预算的情况下，对你有所帮助。
- 我知道在座的各位肯定有人不同意我的说法，请告诉我你为什么觉得自己更像一只墨西哥獴臭鼬（这个人当天就成了我的客户）！
- 这个问题很好，我会为您调查一下。方便给我留个名片吗？
- 你提出的观点很好，但是，重要的是我们先解释一下为什么必须这么做，然后再说怎样做。感谢您在今天的培训中，这么早就把这个问题给我们提了出来。

我们的目标是不要使用"尝试""但是"这样的字眼，以及"为什么"这样的句子。例如，"让我们这样做试试看，好吧"改为"我们的目标就是证明上述问题"。这么说的目的是给人轻描淡写的感觉，从而提升自己的专业水平和自信心。"你为什么这么做呢"改为"你这么做是有什么理由吗"。这么说的目的是，以"为什么"开头的句子有指责的嫌疑,在群体环境中,你不想指责别人,你的目的是创造一起探讨的机会,得到自己想要的结果。做一个友好的人会让你招人喜欢!

结果:赢得掌声且更加自信

你需要演练本章介绍的方法和策略,我希望看到你根除这种畏惧心理。这样,无论在职业生涯中遇到什么事,你都不会小心提防,担心有人问你"你能就这个话题做个演讲吗"。

就像我们前面说的,有些畏惧躲在暗处,有些畏惧挂在脸上;有些只需要改变想法,而有些需要费点功夫。我要说的是,要克服这种畏惧,首先要相信并愿意克服这种畏惧;然后找到技巧和方法来增强自己的信念;最后靠实践和行动来完成。经过一遍又一遍的努力之后,这种畏惧逐渐变小,直至变得无足轻重,这样你就会越来越自信。不要设想每一次都能做得很完美。但是,你确实需要设想,每一次你都在成长,吸取经验,进而表现得更出色。

我可以给你举许多取得了很好结果的示例。那个女商人曾告诉我说:"永远不能让我给50个企业管理者做演讲。"但在很短的时间内,她克服了这种畏惧并给我发短信说:"我拿着麦克风给一屋子的企业管理者做了演讲,并且还从中找到了一个新的业务合作伙伴!"

那个企业管理者通过练习说什么和怎样说，签订了梦寐以求的合同——一份之前想都不敢想的合同，因为他要面对一屋子的人。

记住，要想让你的当众发言有成效，你需要学习一些技巧。说到技巧，我印象最深的就是麦克阿瑟·惠勒（MacArthur Wheeler）的故事。我与你分享这个又短又有趣的真实故事，是希望这个故事会给你留下深刻的印象，从而为你的成功赋能。

记住，要想让你的当众发言有成效，你需要学习一些技巧。

麦克阿瑟·惠勒在书上读到过这样一段话：柠檬汁可以用来写密信，如果你用柠檬汁来写字，除非有紫外线，否则你看不见这些字。于是他就推断，如果真是这样，那么假设他把柠檬汁抹到自己的脸上，别人就看不见他了。如果别人看不到他，那么他就可以成功地打劫当地的银行了，就像所有的"明智"的银行劫匪一样。他决定先给自己来个自拍，测试一下自己的理论。然而在 20 世纪 90 年代中期，他用了那台他自认为很可靠的照相机。这种相机能够一步成像。但是相机里的胶卷坏了，相片没照出来。于是，麦克阿瑟·惠勒就得出了一个结论——自己隐形了。麦克阿瑟一天之内就打劫了两家银行。他在当晚被捕时反驳道："我已经在脸上抹了柠檬汁！我本该隐形了啊！"

所以请记住，别做麦克阿瑟·惠勒。如果你想成功地当众发言，如果你想根除这种畏惧，你不会只读一遍本章的内容就开始即兴表演吧？

　　还记得如果不采取行动，你能接受的后果吗？回想一下恶性循环对你将来的成功会产生什么样的影响。是不是这足以让你行动起来了？

勇敢拿起电话

畏惧：宁愿发邮件也不敢拿起电话

人与人之间通过电话进行交流是再常见不过的事了，可给人打电话怎么就成了让人害怕的事了呢？在指导客户时，有件事一直让我惊讶不已，即在讨论行动计划、获得最后成功、取得想要的结果、成功签订协议时，他们总是要发个邮件，而不是安排会面或打电话洽谈，也不是登门拜访。

我知道，当今世界，生活节奏特别快。我们渴望证明自己做了分内的工作，所以就有了长篇累牍的书面记录。但是，说实话，非要发电子邮件吗？你竟然相信靠发邮件就可以取得成功？

你竟然相信靠发邮件就可以取得成功？

人们为了成功而采取的沟通方式与时尚潮流有点类似——都在不断地循环（喇叭裤每隔几年就流行一阵子）。多年前，如果渴望成功，你会写信。每个人都觉得这个主意不错。企业成立后，其就会给你来函。接下来，你就会发现，你的门垫上面放满了邮寄来的宣传品，而不是函件。几年后，人们发明了万维网，文字处理也由计算机来完成。我们可以与任何地方的人聊天，突然，所有的事情都可以随时跟进。有了电子邮件，我们更高效、更有条理，我们特别用心。但是，现在有太多公司不断地给你发邮件，我们的收件箱里塞满了垃圾邮件，而不是我们需要的邮件。你还相信电子邮件能够给你带来成功吗？

一想到这点我就不寒而栗：有多少人发个邮件，就期望着对方肯定能看到，并且不管对方的收件箱里、办公桌上或日程本上有没有其他待办事情，都能像变戏法一样，在第一时间给你回复。而你却不用片刻不离手的手机打个电话，这是什么原因呢？

- 你不知道该说什么。
- 万一说错话怎么办？
- 要是他们正在忙怎么办？
- 万一惹恼他们怎么办？
- 他们不接受你的提议怎么办？

你还能列出一大堆不打电话的理由。所以，你躲在邮件后面，不打电话。如果你不拿起电话，那么你就不会知道，你是在逃避非做不可的事。你可以自欺欺人，说你不会被解雇，也不会错失良机。如果你不拿起电话，在你的脑海里可能有一个平行宇宙，在那里问题已经得以解决了。

这就是 21 世纪的沟通方式带来的危害。拿起电话竟然变成了一种畏惧，严重妨碍着我们取得成功。我在参加一场社交活动时无意听到了两个人的对话，把我吓得够呛。其中一个人好像爱上了对方的同伴，对方说："我给你发邮件，给你们安排个时间约会。"

趁着大家还在同一个房间里，现在就安排约会有什么不好吗？这简直是太让人恼火了。

我越来越觉得，学校需要教学生沟通技巧。如果你想成功，掌握沟通技巧是最基本的要求之一。学校里竟然没有这样一门课程。打电话时，你能明白一种叹息与另一种叹息之间的区别吗？我能，但是这是因为我对非语言沟通特别着迷（这就是说，如果有人认为他们隐藏了自己对某件事的真实感受，实际上他还是会给我留下一些线索）。只要你拿起电话，你也能够捕捉到这些线索。人们以为打电话时就能隐藏自己的感受。然而只要稍加练习，你就能捕捉到人们在打电话时流露出的微妙的线索，从而大大提升打电话的成功率。并且，这会让你更加自信，反过来帮你真正地赶走畏惧！

如果你想成功，掌握沟通技巧是最基本的要求之一。

我曾经收到人们的邮件，说想要安排个时间给我打电话。然而，问问自己，为什么不直接拿起电话告诉对方你想要什么呢？拿起电话做一下这些事。

- 自信地问一下，什么时候开个会讨论一下公司可以为员工做点什么。
- 问问他们，那封关于合同的邮件，你为什么还没有收到回复。

- 说："麻烦问一下，我为什么没有得到那个职位？可以给我一些反馈意见吗？"
- 用 5 分钟的时间了解为什么不行，从而向他们学习，以便下次得到肯定答复。
- 要一份推荐书，问问还有没有人喜欢你的服务。
- 寻求机会，讨论你们是否有可能进一步合作，因为你觉得自己可以为他们提供他们想要的东西。

你可能觉得上面这些举动都可怕到难以用语言来形容。我完全理解这一点，并且，我帮客户做到了上面所有的事。如果你不克服这种畏惧心理（怕打电话问自己心中的问题），那你又能接受什么后果呢？这会对你的成功产生什么影响呢？

示例与练习

示例：不敢给老客户打电话的老板

如果我真的想要什么，我不会听天由命，更不相信仅凭一封邮件就解决问题。我会给对方打电话，而不是留个信息就了事。

一位企业管理者给我打电话，他说他因为要给老客户打电话而倍感压力。我指导过他怎样制定业务增长策略，其中一个行动就是给老客户打电话。给老客户打电话让他感到真正的畏惧。他说："我意识到我又要躲藏在邮件后面了。"

在接下来的练习中，我会与你分享我是如何指导这些企业管理者的。

练习：不能做的事

几件不能做的事如下。

- 不要成为这样的人：发了 17 封邮件，却一个电话也没打。
- 别玩邮件乒乓球游戏。口是心非，总是顾左右而言他，不切入正题，那些心怀畏惧的人经常这样。对我来说，这就是一个警示标志，如果有人答非所问，那就说明他面临着亟待解决的问题。我会询问他们并进行深入探讨。
- 不要拿起电话就期望能得到最好的结果。不要一进场就开始即兴表演。有些人将毕生精力致力于提升打电话的技巧。害怕打电话这种畏惧心理再正常不过了。在你的成长过程中，有人教你学走路、学说话、学吃饭、学发言、学骑自行车、学开车，等等。但是，有没有人教你学会有效地利用电话呢？

不要拿起电话就期望能得到最好的结果。

有人可能教过你怎样进行电话销售，但是青少年缺乏的电话沟通能力，却很少能在学校学到。

回顾一下前面的章节，别苛求自己。这不是你的错，这是一种很自然的畏惧心理，我们多年来一直任其不断加重。现在出现了很多其他的沟通方式，这意味着我们有了更多的逃避方法。

了解了这些不能做的事情后，你还需要做下面的练习，找到一种新的、更有效的使用电话的方法。花一分钟时间，想想你在职业生涯中打过的哪些电话本来应该有更令人满意的结果，以及你错过了多少机会，这是十分重要的。除非你承认错误的存在，否则你不会改正。

与其他畏惧心理一样，我们不敢打电话的最大原因是，我们不够自信。

在我们开始许多人认为是最难的内容之前，请你想一想自己为什么不敢拿起电话。与其他畏惧心理一样，我们不敢打电话的最大原因是——我们不够自信。这就是为什么在本书的开头，我们先要了解自己的自信水平。如果不拿起电话，你的大脑就会用一些卑劣的伎俩，加强你心里的关于自己和自己能力的负面想法，进而影响你的技能、成功概率，甚至你赢在职场的机会。

因为在你的潜意识里，对于不拿起电话会带来的后果，你还有一些没有触及的消极观念。现在就是你解决这些问题的时机。

玩假设游戏就是很好的方法。但是，只有通过实际行动，你才能够提升自己的自信心。我知道行动步骤确实可怕，所以，我们才需要操练。这绝不是说我们需要把脚本写出来。就我个人来说，我不喜欢脚本，我觉得它没什么用。因为与从前的许多策略相比，21世纪的商业环境更需要悟性。销售宣传、打陌生电话等强行推销方式都太老套且不招人待见，于成功无益。相反，建立在专业的、有礼貌的电话沟通基础上的双赢关系更能推动你走向成功。

所以，在拿起电话之前，你需要回答下列问题，这也是你需要操练的内容。因为拿起电话，就像是要打一场淘汰赛或进行一场表演，而你就是那个即将出场的明星。

- 你想要什么？渴望实现什么最终结果？从实际出发，例如，你想得到一份新工作，签订下新合同或发展新客户。
- 他们想要什么？什么事情对于对方来说最重要？他们最想听什么？思考一下，这对他们来说有什么好处，而不是你想要什么。措辞要能够引发对方思考。
- 放下电话后，你想获得什么感受？是高兴、激动、兴奋，还是紧张、害怕？想象一下自己的感受，就可以在谈话开始之前，真正了解自己的感受。这还会帮你赶走畏惧！

你在得到了答案之后，就能提升自己的自信，进而有勇气拿起电话了。借助其他练习，你就可以采取正确的行动，在打电话这件事上取得成功。但是，请记住，针对不敢打电话这种畏惧心理，还有一个问题会破坏你的成功，即那个不起眼的字——"不"。这么不起眼的一个字，怎么就给人造成了这么大的麻烦呢？

你不敢打电话的另一个原因就是害怕听到"不"这个字。你担心对方要是说"不"，你该怎么办。"不，他们不喜欢我们公司""不，他们不想录用我""不，他们不会下单""不，他们不想谈这个"……在开始阅读行动部分之前，请做下面几个练习，帮你破除害怕被人拒绝这个障碍。

你不敢打电话的另一个原因就是害怕听到"不"这个字。

- 不是所有的"不"都是坏事。"不"是助你成长的学习机会。通过弄明白他们为什么说"不"，你能了解是什么原因让他们说"不"。所以，问问他们说"不"的原因。不要哭着说："为什么不选择我？"这样的话，而是以专业的方式问："如果你可以给我回馈你为什么说'不'，让我学习一下，那就太感谢了！"练习自己对"不"的反应，最好坦然接受对方说"不"。

- "不"肯定会有。接受这个事实："不"是好事。成功人士在回首往事时会这样说："如果不是因为被辞退了，我就抓不住那次机会，也就无法取得今天的成功。"把"不"看成带着伪装的机会。在我的职业生涯中，"不"和失败都是巨大的机遇，所以要坚强。"不"是成功之路的重要组成部分，要想取得成功，你需要它们。

- 这是他们的损失，不是你的损失。在有人对你说"不"的时候，你要从中学习。这是他们的损失，而你能从中受益。

- 不是每个人都会说"不"。你不能假定他们都会说"不"。通过这些说"不"的练习，你就能够用新的思维方式来看待"不"这个字。

行动：GOALS 法则

我们探讨了这种畏惧，也探讨了一些助你拿起电话的练习，帮你掌握一些核心技能，进而提升自信。下面就是成功打电话的最重要的窍门：GOALS 法则

G：门卫（Gate Keepers）

经常有人问我，该怎样对付那些门卫。客户对我说："我知道我要找谁，但就是过不了门卫那一关！"经常有人对门卫出言不逊："听好了，我不想跟你说话，我要找你老板。"请记住，不要再尝试过门卫那一关，而是充分尊重他们。这应该延伸到你职业生

涯的方方面面。如果你对接听电话的人很友好并充分尊重他们，那你就有机会找到推进谈话的办法。

以最高的敬意对待和你说话的每一个人。

永远别忘了门卫能跟谁说上话。即使失败了，也始终要做到礼貌和尊重。

O：开场（Opening）

拿起电话，许多人都会犯的一个错误就是，他们会说"你方便说话吗""你现在忙吗"，你这样问就给了对方一个结束谈话的完美理由。更好的做法是提出问题，但首先要找到让自己觉得自然的问题，例如"现在谈谈你的想法吧"或者"我是否可以今天下午两点或者明天上午十点再给您打电话"，这样做有三个好处：（1）通过询问，表示你理解对方很忙，并尊重对方的时间；（2）你让对方意识到其没那么幸运可以结束对话，你会再打给他；（3）你告诉对方这件事很紧急，并让其觉得是由他选择通话时间。

A：行动和电话答录机（Acting and Answerphones）

首先要说一下电话答录机，它相当于电话邮件。你真的打算让这么大的机会毁在电话邮件手里吗？成功的企业管理者说过："别费劲用电话答录机给我留信息，我不会听的。"所以，为什么要拿你的成功来冒险?

其次,电话沟通的方式真的很重要。在打电话时,做真实的自己,不要尝试变成他人的样子,假装总会露馅的。在对话过程中,直觉会出卖你,让人们怀疑自己是否真的感兴趣。这是你最不愿看到的。所以,一定要自然、真实。

在电话里,不要尝试变成他人的样子,假装总会露馅的。一定要自然、真实。

记住,呼吸也很重要。虽然对话过程中出现停顿很可怕,但这有助于你保持冷静,也可以让电话另一端的人有时间消化你的想法。此外,许多人不喜欢安静,所以他们会参与讨论。

L:倾听(Listen)

你不仅需要呼吸,还需要倾听。对方听起来怎么样?听起来情绪紧张还是很放松?那边有敲键盘的声音吗?对方开着水龙头或者在开车吗?你能感觉到对方没有分心吗?你认为对方精神紧张吗?你认为对方感兴趣吗?做一个更有意识的倾听者,你就能够评估对话进展如何。

身体语言在电话中也有很大影响。那些以为自己可以在电话中隐藏自己的客户,很快就意识到,这根本不可能。我们的身体语言会渗透进我们的交流方式中。你需要留心对方的蛛丝马迹,例如留意对方的措辞，你可以把对方的风格，甚至词句，反过来用到对话中。通过这样做，你向对方展示，你在倾听其说话。例如："您说很高兴与 A 企业合作，我很欣赏这一点。该企业能够在预算范围内按月提供服务，这太好了。您学习该领域内新的发展情况来进一步降低成本，这对您来说很重要吗？这一点 A 企业可以做到吗？"

S：学习（Study）

在拿起电话，真正战胜畏惧心理之前，先了解你打电话的对象，好好研究对方。花一点时间在网上搜索一下，其公司的愿景和宗旨是什么？最重要的是名字。越来越多的公司把员工信息放到公司网页上。在打电话之前，花点时间研究一下。

如果采取了上述行动，你可能会发现这些行动的首字母缩写就是 GOALS（我确实喜欢用简单的方法，让你记住怎样把拿起电话变成现实）。你的目的应该是建立人际关系。不是任何关系都可以，而是建立双赢的、互相尊重的人际关系。因为：

- 你不清楚电话那头的人会认识哪些人；
- 你不能规定别人什么时候与你做生意或者给你机会，但你可以施加影响，进而让对方愿意把机会给你。

通过建立双赢的、互相尊重的人际关系并有效跟进，你就能应对你对打电话的畏惧。

你不能规定别人什么时候与你做生意或者给你机会，但你可以施加影响，进而让对方愿意把机会给你。

结果：通话后满脸笑意

你在掌握了本章内容后，我想看到这样的表情挂在你的脸上：平生第一次，你放下电话，满脸笑意，心想："我做到了！"然后你会问自己："我怎么会这么长时间一直让这种畏惧阻碍我取得成功呢？"通过这样做，你就能获得更多的勇气，应对更多的畏惧心理，进一步增强你的自信和信念。这样，你成功的概率就大大提高了。

一位企业管理者习惯发邮件，从来不打电话。更糟的是，他每发完一封邮件，都好几个月不管它，希望通过慢慢渗透，或者随便其他什么东西，让梦寐以求的合同自动降临在公司的大门口。我们制定了一个策略——联系老客户，寻求新的合作机会。他认为老客户不会有新需求了，所以也就没有联系他们。那次指导结束的时候，我愚蠢地以为，他会打电话，开始启动这一过程。但是，随着一声叹息，这位企业管理者就自动放弃了（看看叹息的力量）。我问那声叹息到底是什么意思。他解释说，给那家机构打电话讨论，这让他觉得不自在。他认为更谨慎的办法是发一封邮件，隔几周再跟进。这给我敲响了警钟，我们看到了不打电话会导致什么后果，我问了下面的问题："那就告诉我，如果六个星期后，我发现你还没打电话，我就把你的小拇指剁掉。你是不是就会打电话了呢？"企业管理者惊恐地看着我说："会！"这让他明白，在他的畏惧背后，如果有更大的动机促使他去打电话，那么他还是会打的。签订梦寐以求的合同带来的不只是欢乐和幸福，它还能确保公司的前途，否则岌岌可危的公司会让他感受到真正的畏惧和痛苦。

这位企业管理者不是在六个星期后打的电话，而是不到一个星期就打了。这一通电话影响的不单单是合同，这种影响直至今日还在发挥作用。

如果有人说"给我打个电话"，那就假定他是认真的。

如果有人说"给我打个电话"，那就假定他是认真的。他人说"不"，对你有好处。假设有人跟你说"我想进一步了解一下"，那就给对方打个电话，说不定你就会得到想要的结果了。别让畏惧把"赢在职场"这个战利品从你手里抢走。

自信 9

学会提问

畏惧：不敢提问

我们从小就被一种畏惧心理所困扰，那就是害怕让自己看起来很愚蠢。每个人都能回想起自己尴尬的经历。在社交媒体上问你的好朋友他们上次出糗是什么时候，他们总能拿出好故事来款待你。多年后，围着桌子，举着饮料，我们再次听到这些故事时可能会仰天大笑。但是在当时，这些事让我们恨不得找个地缝钻进去。我们都有过这样的经历——不想让自己看起来愚蠢。这种畏惧心理真的可以毁了你的成功，并在你的职业生涯中起到决定性作用，让你和他人产生天壤之别。推动别人取得成功的因素，对你来说却是拦路虎。

不想让自己看起来愚蠢，这种畏惧心理真的可以毁了你的成功，在你的职业生涯中起到决定性作用。

你有没有经历过：

● 开会时心想"这张幻灯片错了"，却什么也没说；

● 想问一个问题，却不敢开口；

● 与某人共事很久了却不知道对方的姓名；

● 纠结于某事，因为你不想去寻问负责处理此类事情的人（他们总是看起来忙忙碌碌的）；

- 开会时觉得毫无头绪，为了避免尴尬就不敢开口问，只能傻坐着；
- 不敢有眼神交流，怕别人问你有何高见。

如果上面的任一描述都是你的真实写照，那么很有可能，害怕看起来愚蠢这种畏惧心理正影响着你。

做培训时，我见过很多这种畏惧影响成功的事例。一群追求成功的人抽出时间与我以及其他志同道合者相互切磋。直到茶歇时间，有个人才悄悄前来轻声问我问题，就像一位正在执行任务的间谍一样。通常，他问的都是之前讲过，并且会影响其对整个课程理解的内容。这就是为什么我要强调，没有什么问题是愚蠢的。如果你不知道某个问题的答案，那么这个问题对你的成功来说就是障碍。

没有什么问题是愚蠢的。如果你不知道某个问题的答案，那么这个问题对你的成功来说就是障碍。

在开始应对这种畏惧心理前，我们得先弄明白，这是一种什么样的心理，以及它会给成功带来什么影响。如果你没有意识到畏惧的存在，你就无法解决它。你可以想象，它会给你带来什么感受？你会自信地走出你的舒适区，得到你需要的答案吗？这就是本章要探讨的问题。如果你任其恶化，长此以往，这种畏惧心理就会变本加厉，影响你看待他人想法的方式。这就是为什么我们会在下一章探讨：别揣摩他人的想法。这些问题联系紧密。所以，我们首先需要培养内在自信，行动起来，克服这种畏惧心理。然后，在下一章，我们一起处理那些影响你的想法。

很奇怪，人们竟然不敢提问。小时候，我们什么问题都敢问。

- 为什么天空是蓝色的？
- 为什么薄荷是薄荷味的？
- 为什么小草是绿色的？
- 为什么水是湿的？
- 为什么晚上很黑？

我们小时候从来没有不敢提问。实际上，我们问个不停并乐在其中。我们就是这样构建了自己的世界。我们不仅从这些问题中得到了答案，而且构建了自己的世界。回答这些问题的人以及他们为回答问题所付出的时间，在一定程度上决定了我们的感受。

长大后，情况却变了。我们发现，没完没了地问问题是不礼貌的行为。如果我们不断地问问题，人们就会以一种不同的眼光看我们，不是吗？在工作场所，你是新员工的时候，他们容忍并接受你问一些问题。一旦过了这个阶段，你觉得自己应该无所不知。人们得过且过，整天混日子，心里想着：

- 我不想麻烦他们；

- 他们总是看起来很忙；

- 就这点事，找他们帮忙好像不太合适；

- 其他人都知道怎么做，所以我也应该知道才对。

如果你不强迫自己离开舒适区，那就意味着你愿意蒙住双眼，困在自己的舒适区里，接受成功路上的拦路虎。

人们害怕毫无保留地说出自己的想法，害怕犯傻，他们认为想要赢在职场就要经历一场艰难的比赛。有句话一点没错：职场就是战场。当很多人都去竞聘某个岗位时，我们生怕显露出一丝纰漏，让别人抓住我们的弱点。许多人都担心冒险去要自己想要的东西会让自己看起来傻乎乎的，领导者甚至会冲过来，对你紧追不舍，直到你离开办公室，再也不会迈进他的大门！

从本质上讲，如果我们不去争取我们需要的东西，那我们就把自己推到了一个危险的位置，任由他人一看到我们的弱点就展开攻击。这种畏惧躲在暗处，使劲拖你的后腿，从而使你在成功的边缘迷失自己。在本章的练习中，我们看看怎样才能走出这种困住自己的舒适区。无论你是小心翼翼地爬出来，还是跳出来，只要你正视它，那就是一个好的开始。

示例与练习

示例：走出舒适区

在我走出舒适区之前，我远没有现在自信。我还记得我与其他 10 个幸运的人坐在一间漂亮的办公室，所有人都渴望取得事业上的成功。我们要去向一位女士学习，她是一位精明的、漂亮的金融记者和面向女性的广播员。这是一次难得的机会，我们都为此交了学费。但是在训练中，几句话就让我完全迷糊了。我觉得自己很笨，因为我的背景就是小企业，她的水平比我高太多。她说了很多我从来都没有听说过的缩写和短语。如果我连一名专家讲课都听不懂，那么我怎么能够拓展自己的业务，成为一个成功的商业教练呢？我面临着以下两个选择。

（1）安静地坐在那里，逐字逐句记下来，寄希望于回家后在网上查找相关解释，弄明白它们的意义。

（2）举手提问，克服自己的羞愧心里，得到自己需要的答案。

我选择了第二个办法。当时，有人满脸鄙夷地看着我，但这样做绝对是对的。她确实是一位很棒的老师。她没有卖弄专业术语，而是告诉我了一个特别好的网站，我从中学会了大量的、卓越的理念和建议。更重要的是，我注意到，在我问了那些别人不好意思开口问的问题后，好多人如释重负。我问道："对不起，我真是太笨了，但是我实在不懂这些缩写都是什么意思，我的职业背景就是中小企业。"我终于打破了僵局，课间时许多人过来感谢我，说我帮助他们学到了更多的内容！若我隐藏了自己不懂公司方面的缩写这一事实，我永远都不会进步。

另一个害怕让自己看起来很傻的人，本来有着耀眼夺目的事业并赢得了大量赞誉，但他发现自己进入了新的领域，面临着裁员和不熟悉的新业务。这个人的雄心壮志再也不是掌控一切。他的关注点已经转移，但是他不会告诉别人，如果他没有努力争取，没有拼命工作，他怎么能够签订梦寐以求的合同，取得今天的成就？他想过上不同的生活。他没想到这会成为现实。借助本书介绍的方法，这个人不再隐藏自己，而是真诚地面对自己想要的结果和职业生涯，并想到做到。

假定你已经习惯了玩假设游戏，那就用恶性循环来帮你理解你最终能接受的结果。在生活和工作中，你养成了良好的习惯，自始至终做这些练习，你就能看到你的选择会带来哪些好结果，以及它们给你的成功会带来哪些正面影响。通过对比，你也能看到，不采取行动，你怎样阻碍了自己成功，而这些游戏又会怎样促进成功。你在实实在在地体验过事情可能会变得多么糟糕或多么可怕之后，就更有可能得到自己想要的结果。记住，说到底是坏事在激发我们采取行动。

你在实实在在地体验过，事情可能会变得多么糟糕或多么可怕之后，就更有可能得到自己想要的结果。

练习：重构舒适区

在走出舒适区之前，我们先重构一下你对舒适区的看法，这样，你就会讨厌自己的舒适区，迫使自己采取行动。

（1）想一想，你在做哪些事时怕自己看起来很傻。请你把它看作一个不需要做出改变的舒适区。

（2）现在把你的舒适区想象成一床羽绒被，在冬天的夜里你躺在里面。你能听到外面的风声敲打着窗户，你哪都不用去，你挚爱的人都很安全，你觉得温暖舒适。

（3）现在想象一下你还是裹在羽绒被里，但是已经到了夏天。羽绒被裹着你的身体，你热得大汗淋漓。你被困住了，你越是扭动，羽绒被裹得就越紧。这就是舒适区。在意识到它是怎样对待你的之前，你觉得这是一个好地方。然后，你就被困在了里面。既然我们把舒适区重构成了阻碍自己成功的因素，那我们怎样摆脱它呢？

现在请拿出一个便利贴，在每页纸上写下你在何时觉得自己很愚蠢。例如：

- "如果我去找菲奥娜帮忙，她就会觉得，我连这件事都做不好，我的薪酬是不是太高了！"

- "如果我在电话里说错了话，那就显得我太笨了，他们凭什么还选择我啊！"

把每一个想法都写下来，无论它们多么傻或多么消极。这只是给你自己看的。

花一分钟的时间再读一遍你写的句子并思考你持有的信念。然后把这些便签撕碎，团成一团，扔掉，从物质方面来摆脱掉它。

我们在前面的章节讨论了找到你自然流露出来的做事方式，请思考一下，你是如何找到自己的做事方式的？在尝试新事物的时候，你自然流露出来的做事方式又是什么样的呢？

这不是一定要与工作联系在一起，但是，知道自己的做事方式将帮助你处理舒适区，克服害怕犯傻的这种心理。

- 你喜欢一头扎进去试一下吗？
- 你喜欢先看看别人怎么做吗？
- 你宁可先研究一下吗？

带着这些想法，进入那些有看起来很傻并阻碍你成功的场景。什么事会让你采取积极行动？例如，遇到新的技术问题，我的策略是：从行动和错误中学习，然后问问那些比我聪明的人。我承认我在工作中缺乏耐心，我相信那些懂技术的人。但我善于发挥自己的长处，并且承认并弥补自己的短处。这种想法绝不会降低我获得成功的概率。我承认自己愿意学习新的技能，但是，我太忙了，宁愿花钱请人做那些技术活。我没有看起来很傻或觉得自己很傻。那么，说到你想要的结果，你有什么行动和想法呢？

> 我善于发挥自己的长处，并且承认并弥补自己的短处。

行动：尊重自己的行事风格并在行动中学习

这种畏惧心理可能看起来很傻，你想跳过去。但是，毫不夸张地说，这种畏惧足以让人们无法采取那些可以促进成功的行动。所以，你为什么让那些微不足道的小事阻止你成功呢？

你可能会发现，你竟然任由这种畏惧心理躲在你的潜意识里，从来没有丝毫怀疑。除非你远离舒适区，再也不看它，否则你不会一夜之间就取得成功。所以，要保证得到想要的结果，你得采取一些行动！

- 尊重你自然流露出来的做事方式。如果你不准备有大动作，那就不要在周一晃进办公室，站在桌子上大喊："我郑重宣布，我甚至都不知道 7RJ1 数据表是什么、该怎么填写，也不知道它有何用途！"因为这对于提升你自信心没有任何帮助。正确的做法就是让自己充满动力，越做越多。所以，尊重自己的风格。

- 你需要承认，畏惧有时候会化身为有形的东西，其实没什么好害怕的。我第一次在国际演讲及培训师大会上进行公开演讲，我不得不把演讲稿放到讲台上，因为我当时因紧张而抖得太厉害！在我的执教生涯中，这么早就能获邀在如此享有盛名的场合发表演讲，我特别兴奋并渴望好好表现。演员和音乐家实际上把演出前的紧张情绪视为好事，这表示演出对他们来说特别重要，他们希望发挥出自己的最好水平。这不是怯场，这是演出活力。所以，在学习新技能的时候，你经历一些有形的东西也是很正常的。

- 你付出的努力越多，就会做得越好。但请你记住，凡事不会总是那么完美，你做的次数越多，你就会觉得它越简单。你需要在行动中学习，在改进的过程中不断地注意哪些做法有效、哪些没效，以及哪些方面有待提高。

结果：诚实地提出要求，欣然地接受好结果

害怕犯傻是一种很狡猾的畏惧心理。它会表现为其他类型的畏惧，所以你很难有效处理它。我们可能会处理了其他畏惧，却让这

种畏惧继续藏在背后。除非你找到将其根除的好办法，否则它会冷不防袭击你或以其他形式再次出现。

害怕犯傻是一种很狡猾的畏惧心理，它会表现为其他类型的畏惧，所以你很难有效处理它。

我曾经指导过一位客户，他觉得打电话通知老客户，让他们以更高的价格来继续履行之前的合同，这么做太傻了。若不重新谈判，客户实际上同意支付的金额太低，这会严重拉低企业的利润率，并危及企业的未来发展。实际上在指导过程中，他才意识到这个问题，如果还想维持合作，重新定价是他唯一的选择。企业需要增长，需要提高利润率。在辅导过程中，我们做了核算并发现某些条款长期来看并不可行。

他很重视与某家大机构的合作关系，当初与其签订合同是很好的一步棋，而如今他认为提高价格简直是自毁前程！这会毁了自己在业内的声誉，也会显得特别傻！帮助他看清楚自己能接受什么后果其实还不够。我们的对话如下。

我："所以你就像个超模了？"

企业管理者："你说什么？"（他惊恐且不屑地问。我知道这种肤浅的问题会让对方很不舒服。此人是非常专业的企业负责人，他"眼里揉不得沙子"。要走出舒适区，有时候，你得感受你现在所

在的环境给你带来的不适感）

我：“一个超模！如果一天挣的钱少于 7000 英镑，她都懒得下床。这就是我说的本质。你不去谈判，因为你瞧不上。”

企业管理者：“这不是我们正在谈论的内容。”（对方立即争辩道，听出来了我在讽刺他）

我：“好吧，那你是在说什么呢？”（他坐在椅子上，向后一靠，好像明白了什么）

企业管理者：“好，就那样叫我吧！”

经过正确的指导之后，这个示例里的企业管理者与客户重新谈判，签订了新合同，利润更高，花的时间更少。他们也因此能更自由地获得更多机会。

我将以两句话结束本章，它们能帮助你获得更好的结果。

- 诚实的人永远都受欢迎。
- 如果不要求，你就得不到。

自信 10

停止揣摩他人的想法

畏惧：过分在意别人的想法

过分在意别人的想法，这种畏惧心理总会悄悄溜进我们的脑海里，有时候完全无害，有时候却会引起连锁反应，降低你赢在职场的概率。

最糟糕的情况是，我见过这种畏惧心理导致一定程度的拖延症，让一个人无法采取任何行动，一会儿干这个，一会儿干那个，完全没有真正的目的或重心。

21 世纪的世界，毫不夸张地说，到处都有摄像头——我们的手机、笔记本电脑、汽车、街头巷尾、办公室以及生活的方方面面。这样人们就会记录、评论并分享每一件事。这样你就能够在任何时候，接触到其他人对于你能够想到的话题的观点。可以说，任何人的想法都可以投射到你的大脑中。这也难怪，我们随时可以听到别人的想法。

如果你希望在工作上取得成功，你可能会致力于营造并用心管理你的人际关系网络。要做到这一点，你就需要结识更多的人，走出去与人交流。这本身就需要你应对与管理各种畏惧心理，提升技能以及改善思维方式。但这样做也有一个缺点，即你可能会害怕人们知道你的一切，总是心想：他们要是都谈论我，怎么办？

- 我想知道某人对我有什么评价。

- 我得到这份工作，是因为我是这个岗位的不二人选吗？

- 他们认为我对于这个岗位来说，年龄太大，还是太年轻？

每当我们揣摩其他人对我们的看法时，我们可以想出 100 万个负面想法。

这种畏惧心理不仅是一个想法，它还会影响你生活的各个方面，其产生的影响会阻碍你采取行动，导致拖延，甚至让你质疑自己的判断力和能力。

示例与练习

示例：他人的想法会对我们的心态甚至行动产生影响

我见过一个人，他希望进入公司高层。他努力奋斗，野心勃勃，年纪轻轻就已经取得了卓越成就。更让人振奋的是，他马上就要更进一步，担当重任。但是就在这时，他的职业发展突然就停滞了。我在指导他的时候，他向我坦诚地说，他的家人与朋友一直在对他讲："这真的是你这个年龄段想要的吗？""你已经取得这么大的成就了，这对我们来说没有意义啊！""你应该回你现在工作的公司。"他发现，无论到哪里，这些絮絮叨叨的言论开始影响他的心态。他发现，他的行动甚至也受到了影响。我认为，最可怕的是别人的想法对你的行动和说话方式产生很大的影响。毫不夸张地说，这会让你改变说话方式并最终导致不一样的结果。

想想这种情景：理想状态是你步入会场并准备好了完美的方案，所以，对于自己要讲的内容和预期的结果，你觉得很舒适、很自信。然而，实际情况正相反，你步履蹒跚，语无伦次，觉得自己很愚蠢，演讲效果比预期中差很多。

我还见过，这种畏惧心理还以另一种形式影响你的成功。它表现为拖延症，而不是畏惧心理。我认识一个人，他过分在意别人的想法，以至于他无法行动起来打理自己的生意。晚上睡觉时，他脑子里嗡嗡作响，无法入睡；白天上班时，他大脑一片空白，无法思考，所以无法集中精力做任何事情。这就是他来找我的原因，因为他知道自己出问题了，但是又不知道出了什么问题。在指导过程中，他才弄清楚自己的恶性循环是什么（见图 10-1）。

好消息是，知道了这个问题出现的过程后，我们就可以很快地解决问题了。与畏惧当众发言或打电话不同，对付它，你需要学习一些真正的技巧来改变自己的心态和信念。要消除这种畏惧心理，你只需要改变自己的想法就足够了。我知道说"只需要"这个词有点过分。因为你可能已经努力很久了。但是，这就是调整心态的乐趣所在：通过正确的帮助和行动，就可以实现改变。

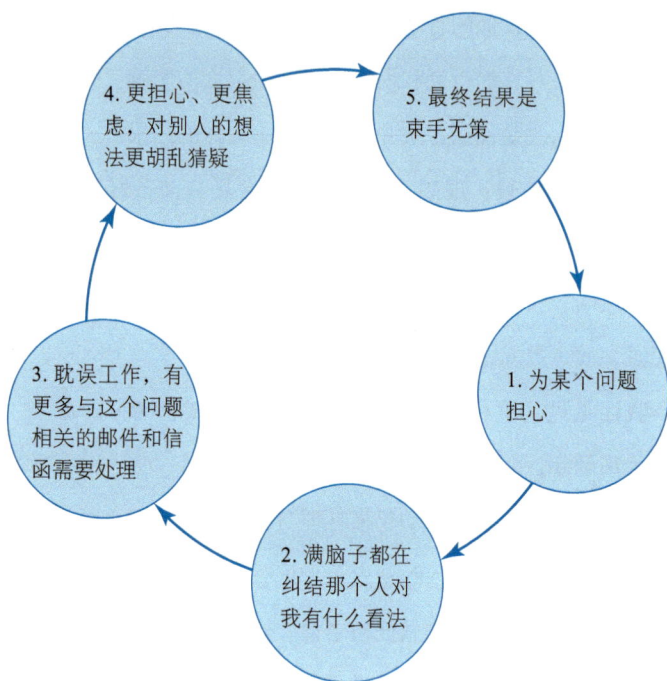

图 10-1　恶性循环

练习 1：目标的力量

这个练习可以给你的生活带来永久的改变。这不是轻率的夸大之词。这是我从指导过的客户那里得到的经验。我总是告诉客户："这不是治疗，这是辅导。我们找出问题并解决它。"一旦你掌握了这个练习并发现它的真实力量，你就能够应对许多类型的畏惧心理。

在一个拥挤的房间里,你一眼就注意到某个人,心想:我要找的人就是你!然后你会对其他人视而不见。或者,你开车往前走,一辆车吸引了你的眼球,因为那就是你的梦想之车。我们要的就是这种能力,即集中精力专注于你的最终目标,对其他一切都视而不见,当然包括别人的看法。

设定一些清晰的、明确的、好像早已实现了的目标,真的很有帮助。你要设立明确的(Specific)、可衡量的(Measurable)、可实现的(Achievable)、现实的(Realistic)和有时间限制的(Time Measurable)的目标,但是只做到这些还远远不够。

设定一些清晰的、明确的、好像早已实现了的目标,真的很有帮助。

要保持精力集中,你需要做到以下几点。

(1)知道这个目标与你的核心价值观是一致的。

(2)把为了实现这个目标需要做的事情写下来。关键是不要考虑时间限制、技能差距、经济条件、现实差距等。换句话说,不要为任何事情分心,尽情地发挥你的创造力,把各种想法装进你的大脑,这样一来你的大脑就会真正地深入探索你的潜意识,寻找可能潜藏其中的想法。记住,若你一直在纠结于别人在想什么,那么你的大脑就装不下那些有创意的点子了,你也无法实现自己的预期目标了。这个练习帮你解放思想,这么说一点也不夸张。这只是一个私人目标，不对外公开。某个人是你的目标中的考虑因素吗？你会成为这个人的老板吗？如果会，怎样以及何时才能成为这个人的老板？如果这个人与目标没有直接关系，不要将他列入那一长列的实现目标过程中的可能性因素中。

只有真正地抓住那些荒诞的、疯狂的想法，你才能拥有强烈的想法。

（3）在写完一长串你会做的事情之后，在第二页纸上写下你能做什么。长时间坚持写下你的想法，并全身心地投入到本练习中，你就会产生更多的想法，这就是强烈想法的源泉。你最初写下的就是那些萦绕在你心头并让你夜不能寐的想法。只有真正地抓住那些荒诞的、疯狂的想法，你才能拥有强烈的想法。例如，谈论独角兽、魔法或摔坏电话来得到一些宁静，可能听起来很疯狂，但是通过这些疯狂的想法，你可以想出一些相对明智的点子。是的，把办公室里所有的电话都毁了是不现实的，但是有些办法是很现实的，例如戴上耳机，或者提前 1 小时到办公室上班，抑或是把手机调成静音。这些事情操作起来可能有点棘手，所以你需要坚持。如果你觉得创新很难，它不是你的自然状态，那么以下建议可以让你深入挖掘自己的有创意的目标想法。

- "我现在就辞职，成立自己的公司，尽管我需要 100 万元资金（像变戏法一样就有了）请来业内最顶尖的 5 个人（他们都愿意来投奔我），并魔法般地拥有世界上最高超的谈判技巧，从而签订合同。"疯狂的想法可以让有创造力的大脑自由发挥。

- "我要成为世界上这一行业的第一个自由职业者，尽管我们所在的行业不允许这么干。我要使用魔法改变这一切。"

（4）如果你列了一个特别长的清单，那就让你的大脑把疯狂的想法都思考一遍。感受一下哪些想法特别有意思。不要让你的意识大脑"这不可能"占上风。这些疯狂的想法可能让你大笑，但是实际上可能会有一些好主意隐藏在里面。事情不会一成不变。记住，老去揣摩别人的想法会妨碍我们采取行动。所以，设定一些内在目标，不是立足于他人而是基于自身条件的目标，我们就会全力实现它们。你只需要把心思放在你感兴趣的目标上。最多想出三个目标就足够了。记住，目标太多与目标太少一样有害无利。目标太多容易让人疲于应付，进而导致行动不足。

（5）对于每一个目标，你知道为了获得最终结果，你应该干什么。不要丢弃那些疯狂的想法，因为它们会刺激实际想法从更深层次的意识中浮出水面。

（6）针对你想出来的想法，你会采取什么行动？

（7）我注意到，对大多数目标来说，最大的问题是你有什么设想。你是否认为，老板只要求我来上班，我只要做好本职工作就好，不需要提任何建议？你是否认为，参加社交活动时，房间对面那个人在看你，是蔑视并记恨你，还是羡慕并渴望知道你是怎样做到的？

（8）主观臆断是成功的一大障碍，我们下一章会解决这个问题。

（9）保持专注。如果你设定了清晰的目标并致力于你的行动方案，根除那些让你拖延以及放弃积极想法和坚定信念的主观臆断，那么你就不会分心。但是，大多数成功人士会说，每一个成功都会经历压力和失败。你会采取什么行动让自己不分心呢？要牢记哪些人、哪些地方、哪些词句和哪些行动会让你保持积极心态。

练习 2：泡泡游戏

在你过分地揣摩别人想法的时候，你需要知道的是，其他人实际上也像你一样。

如果你坐在观众席上，而不是站在台上演讲，你心里会想什么呢？人们告诉我：

- "很高兴在上面的人不是我。"
- "我永远都做不到当众发言"
- "如果看到那个话筒离我越来越近了，我就假装我需要接个电话。"

- "知道下一个就轮到我了，我都无法正常思考了。"

我曾经读到这样一句话：在葬礼上，我们宁愿躺在棺材里也不愿站在前面致悼词。

在葬礼上，我们宁愿躺在棺材里也不愿站在前面致悼词。

在揣摩别人心思的时候，你满脑子都是"他们认为我不够聪明""他们在看我鼻子上的雀斑""我确信他们在想，为什么让我而不是别人来做这个呢"。

如果下次这种畏惧又悄悄进入你的大脑，那就玩泡泡游戏。想象一下，每个人的头上都顶着小小的对话泡泡，而里面都有些什么内容呢？抱歉，我要戳破你的泡泡了。但是，在别人眼里，我们没那么重要以至于让他们每天都惦记着我们。那么，别人头顶上的那些神奇的泡泡里都装了些什么呢？

- "茶点吃什么？"
- "我锁门了吗？"
- "我想我没有把手机调成静音，那就太尴尬了。"
- "我觉得我的裤子破了个洞，站起来之前我最好悄悄地查看一下。"
- "我想那个人是史密斯先生，听说他的部门有个岗位，等结束了我得过去与他聊聊。"

- "他与我说话时怎么能那么平静、自信，而我一进来就开始紧张了，每个人都在盯着我吗？"

练习 3：写出来，咆哮一通再扔进垃圾桶

说到揣摩他人的想法，有时候，你做不到无动于衷。你不能总是对别人的想法视而不见。

我特别喜欢读伟人的故事——甘地、特蕾莎修女、丘吉尔，等等。我还对这种事实感到痛惜：许多人在社交媒体上晒名言名句，却从来不见他们分享自己的行动。所有的伟大时刻都是由人们的行动造就的，不是由他们所说的话造就的。他们的出发点可能是自己的某个想法，但是最重要的是行动。正是他们的行动，而不是他们的话语，改变了历史。记住这一点，对于做这个游戏特别重要。

- 想一想你认为人们说了什么？
- 这给你带来了什么影响？
- 它们怎样影响你的成功？
- （但是）我不希望你在现实生活中与他们发生冲突。
- 请你尽可能多地列出，你能想到的对你的生活产生的影响。
  你认为是什么引致了你的生活、你的成功和你的未来。
- 现在你觉得怒火中烧。

- 他们怎么敢这样！

- 他们怎么胆敢破坏你的成功！

- 他们怎么敢这样影响你的生活，这简直让人无法接受！

接下来，有两件事应该会发生。

（1）你意识到，无论那个人在想什么，你都能控制自己的想法，这样你就能够专注于你的事业和目标，不让别人的想法再对你产生影响了。这样，你就可以把你写下来的东西扔垃圾桶了，心里想：这些都是他们的想法，与我无关。而你没有他们的经历、生活、技能或价值观，他们怎么能影响你的目标？

（2）你仍旧觉得他们还是有影响你赢在职场的能力的风险。我见过双方立即冰释前嫌，因为之前的事情纯属误会；也见过双方最终在项目上通力合作，因为他们发现彼此惺惺相惜。要想赢在职场，有时候要敢于挑战，你得提升自己的竞争能力，做一些自己之前害怕做的事情。如果你同样遵循这样的规则，即设定强有力的、集中的目标，有恰当水平的自信心并相信自己能够成功，那么你就能不断前进。

行动：持续专注于自己的目标

与别人的想法较劲所带来的麻烦是，你完全沉溺于揣摩别人的想法，根本无暇顾及自己的事情。那些能够赢在职场的人持续专注于自己的目标，不会把精力浪费在揣摩别人的想法这件事上。这不能与对他人漠不关心混为一谈。他们确实也关心别人，但是不会把心思耗在别人的想法上。要想赢在职场，就得持久专注于自己的目标。如果你希望战胜这种畏惧，那就不要分心，当你把精力放在自己如何能成功上，你很快就会发现，自己根本没空去关心别人在想什么。突然之间，别人的想法就是别人的想法，不会影响你。

环顾左右，哪些事情在影响着你？你是否过度关注别人的想法？社交媒体是不是强化了你的不良心态？在线时与谁聊天、聊什么都是你自己的选择。如果你确实很受影响，那你需要一直把手机放手边吗？

你能相信谁呢？有时候，只要改变自己的想法，我们就可以彻底改变我们对某事的看法。你会对谁倾诉自己的担忧，获得私密的独立反馈呢？最好是找一个良师益友，一个值得信任且可以给你提出建议的人。你会惊喜地发现，一个不同的视角可以翻转你对别人想法的看法。

我还得强调，专注于你的预期目标、野心，以及你想要的想法而不是不想要的想法吧！专注于自己的目标，你就没时间去想那些负面想法了。

专注于自己的目标，你就没时间去想那些负面想法了。

结果：别人的想法只是别人的，这不归你管

任由这种畏惧心理发展蔓延，你的事业和生活都会受到影响。这很容易让你迷失自我，把精力耗在那些压根就不存在的事情上。说实话，即使真实存在，那又如何？

有人不喜欢你，那又怎样？地球上有 70 多亿人口，他们不会都喜欢你。并不是你工作中遇到的每一个人都会与你坦诚相待，和蔼可亲，或者都会因为你的为人和能力就重视你。这不是你的问题，这是他们的问题。

我们的社交媒体充斥着各种励志信息和提醒：罗琳在成为畅销书作者之前，经历过很多次失败；戴森做了无数个原型，才找到有效的方案。成功离不开失败，要想赢在职场肯定得经历艰难时刻。如果罗琳听了第三个出版商的建议，放弃自己的梦想，然后去找个"正经工作"，或者戴森不再为他的发明浪费钱，那结果会怎么样呢？

成功离不开失败，要想赢在职场肯定得经历艰难时刻。

接受这样一个事实：并不是所有人都会喜欢你，他们的想法只是他们的，仅此而已，这不归你管。如果你能做到这一点，你就不会偏离正轨。一个客户记住了这一点，告诉了其竞争对手他在做什

么，而不是假定他们会认为"你是来偷我的客户和创意的"。若是他假定别人都想抢走他的生意，那何谈拿到这些合同？

你明白老是担心别人怎么想是多么危险了吧！明白这会给你的事业带来什么影响了吧！如果你担心自己制订的行动计划不够强大，那么好的办法如下。

- 创建一个更强大的消极循环，真切地感受一下你给自己的成功带来的痛苦。看看自己的目标是不是足够明确，是不是能够保证你专注于自己想要的结果。记住泡泡游戏。时刻提醒自己，对于人们到底在想什么，你没那么大的兴趣。写出来，咆哮一通再扔进垃圾桶。玩玩这个游戏，看看你是否能够再取得一些进展。如果不能，你是否需要进行一次对话？或者，能否接受这个事实：你在浪费自己宝贵的脑力，做一些有损于你成功的事情。

- 你可以指望谁来给你加油鼓劲呢？谁在社交媒体上会拖你后腿？网络社交时，多留个心眼，看看他们是激励、鼓舞你，还是破坏你的成功和心态。

如果你采取了这些行动并记住了我的客户已经见到的结果，你也会明白，只要把萦绕在脑海里的那些无益的、不和谐的声音剔除出去，你就能提高自己赢在职场的概率。这很可怕也很强大！

敢于争取自己想要的东西

在指导那些想在职场中大展身手的人的时候，让我惊讶的是，在谈及得到自己想要的东西的时候，他们做了这么多的主观臆断。哪个智商高、上进心强和执着的人会让这种畏惧影响自己呢？

在前一章，我们说明了主观臆断可能造成的不良影响。在这一章，我将继续探讨主观臆断这个话题，因为我们都见识了其强大的破坏力。我将讨论并彻底解决这个问题。我们可以将它视为成功道路上的头号敌人，彻底打败它！

畏惧：害怕表达自己的诉求

曾经有个机会摆在你面前，你却在想"我不确定现在要求得到这个机会是不是合适"，或者在迟疑"我不知道他们是不是对这个感兴趣"，抑或是"我不能直接进去找他们要"。

但是，就像我多年来从客户身上以及我的职业生涯中学到的，克服"不敢要自己想要的东西"这种畏惧心理，你才能真正地获得成功。之所以直到现在才讲述本章，是因为你得先评估个人和职业发展的情况，然后再阅读本章，这样你更容易虚心接受。

若让这种畏惧在你脑海里站稳脚跟，它就会以多种面目出现。你会做各种危险的主观臆断，它们使你错失涨薪、晋升和取得成就等机遇，不仅如此，它还会：

- 让你把宝贵时间挥霍在一些根本不会有结果的任务上（因为你不敢做那些有实际效果的事情）；

- 让你永远都不能充分发挥自己的潜力；

- 破坏你对自己的看法，让别人低估你的成功概率（这实际上就是长他人志气，灭自己威风，而原因就是你不敢要自己想要的东西）。

毫不夸张地说，这种畏惧心理所引起的巨大恐慌会阻止你正常的成功进程。好消息是，像本书中的其他畏惧一样，要克服这种畏惧，你并不需要掌握太多的技巧。从选择你该怎样想着手即可（注意，我说的是"选择怎样想"）。真相是：我们可以选择自己的想法。我希望读完本章，你掌握了一种控制自己想法的力量。

虽然我们不能一直掌控我们在职业生涯中会得到什么，但是我们可以控制自己如何做出反应。如果我们不去要我们想要的，就相当于在知道会发生什么之前，我们已经做出了自己的反应。

虽然我们不能一直掌控我们在职业生涯中会得到什么，但是我们可以控制自己如何做出反应。

你可能会想，如果主动去要，我就会得到自己想要的吗？你有这个疑虑是因为你还没掌握这项技能：开口去要自己想要的并如愿以偿。

我听到许多人说："我找他们要了，但他们拒绝了。"在与他们探索具体细节的时候，我发现实际上他们的处理方式不对。他们确实开口要了自己想要的，但是方法不对，也可能时机不对，并且他们还犯了一个错误：没有在恰当的时机再次开口。记住，不善于跟进，是你职业生涯中代价昂贵的错误，我见过好多人都深受此害！

沟通方式不对、时机不对、问题不对、问的对象不对、表述方式不对……如果你觉得自己敢于开口要自己想要的，那么你得到了自己想要的东西了吗？如果不是，那我们就来解决这个问题。

沟通方式不对、时机不对、问题不对、问的对象不对、表述方式不对……这些都可以导致一个结果——得不到自己想要的。

示例与练习

示例：遭遇裁员后获得成功的创业者

该示例中的企业管理者被强制裁员，随后其成立了一家小企业。他天生就有躲在办公室里给人打电话的"能力"。

随着消费者越来越喜欢线上购物，他发现生意越来越不好做。他不喜欢或不了解在线营销，并且觉得这种营销方式不太适合其产品及服务。他想知道是否有别的出路，于是向我求助。

在指导时，我们讨论了如何创办新企业以及如何付诸实践。我们整整忙了一个上午，制定了一个策略和架构，提出了"在家工作"的策略，他将付诸实践，进而推动业务发展。我们拿出了笔记本，开始研究切入点在哪里。然后他突然停了下来，看着我说："但是消费者为什么会选择我呢？我又不能去找他们要！"

你不能命令人们什么时候买，但是你可以影响他们从哪里买。

在这个示例里，我旨在指导客户如何提升公司形象。要实现这一目标，我们就需要明白，即使是小公司也要弄清楚自己的目标客户是谁，然后大声地、自豪地与他们交谈。要做到这一点，你必须是业内专家，给客户展示业内最新的趋势和创意，指引你的客户。这样，他们就会知道自己想要什么。就像我经常说的："你不能命令人们什么时候买，但是你可以影响他们从哪里买。"针对这位企业管理者，我就是在做这件事——提升其形象。如此一来，他就能在网上对那些挑剔的、追求品质的客户产生一定的影响力。但问题仍旧表现在两个方面：（1）很多人有一种成见，认为别人才是专家。我对这种成见印象深刻。我们把成功拱手让人，因为给自己设定的成功标准太低。（2）主观臆断地认为对方可能不认可我们提供的产品以及想出来的解决方案。

该企业管理者告诉媒体："我觉得这个主意不错，我每个月写篇文章，为你的读者介绍一下这个话题。"编辑没有拒绝，他很喜欢这个主意。就这样，企业管理者为三个出版物写文章，并且推动了该领域内其他业务的发展，他的公司也获得了极大的关注。

仅用两年的时间，他的企业就成了该领域内的知名企业，参与了该领域内的热门事件，并且业内最优秀的人才为他们提供产品，企业竞争力和企业形象因此而得以提升。现在，该公司经常被业内精英挂在嘴边。很明显，其形象提升了一大截。然而，如果他没有开口要自己想要的，可能永远不会得到这种结果。

注意两种畏惧：（1）怕自己没有能力成为专家；（2）担心合作的人可能不感兴趣。

接下来的这些练习可以帮你消除畏惧，并告诉对方你想要什么。但是小心，一切后果不会自然发生！如果你想改变自己的体型，你不能只运动一天，就期望看到令人惊讶的效果。所以，本章有三个练习，这些练习既不可怕也不难操作。

练习1：不要再把你的成功拱手让人

如果你一直这么做，也别担心。过去我也一直为此感到内疚。你铁了心要让世界变得更加美好，忘记了有些人只关心自己的工作日程，只要能超过你，他们什么事都做得出来。所以当你真的把你的机会给他们的时候，他们绝不会放慢速度来抓住机会。如果你走运的话，你会得到一句"谢谢你"，但是在成功路上他们绝不会带上你。所以，下面就是解决这个问题的方法。

（1）如果你不让自己出人头地，别人凭什么让你出人头地。在让别人出人头地之前，先让自己出人头地。从而在对话、开会或讨论时，你就能自信地说类似的话："我觉得我可以和山姆很好地合作完成这个任务，我们都有相关技能，这对我们来说是一次很好的合作机会。"鲍勃·伯格（Bob Berg）（杰出的演讲家和作家）谈论过营造双赢的人际关系的重要性。多年前我第一次读到他的书的时候，就与其产生了共鸣。因为我意识到，我职业生涯里遇到的好的人际关系都是这样的，并且从那时开始，我尽力营造这种人际关系。我秉持的理念就是，双方离开时都会想"我捡了一个大便宜"，这就是双赢局面。

（2）在拱手送人之前，问问自己："这个任务我能完成吗？"我的建议是，先答应下来，然后再想办法做到。我一直都是这么做的。当有人问我是否可以就"为什么辅导有用"这个话题，在大会期间做一场演讲，我说："好的。"尽管我害怕当众发言，完全不知道怎么做、会涉及什么问题或者他们对我的期望是什么。我的做法是，先说"好的"，然后边准备边学习。小时候第一天上学，你也不知道该做什么；参加工作的第一天，你也不知道大家对你的期望是什么。你必须打败这种畏惧，并且只有通过采取行动，你才能够不断学习，取得成就。

（3）复制和训练。在你下次又想把成功拱手让人的时候，问问自己："凭什么不是我？"尽管工作场所可能环境恶劣，总有些不友善甚至颇有心机的人，但不是每个人都这样。就像我前面分享的，许多人都支持你，乐于指导和培养你，帮你获得成功。那么，你可以找谁征求意见？你可以复制谁以及复制什么呢？如果你准备把成功拱手让人，你认为那个人有哪些你不具备的技能呢？好好研究一下，弄明白你是否可以复制这些技能。有样学样也是成功之道。你有可能需要学习一些新的技能，但是，你得明白，你想成为什么样的人。

练习 2：是什么在阻止你成功

在本章的示例里，我们可以看到，这位企业管理者真的很有天赋。我常常在客户付诸行动之前，就能看到他们的全部潜力！我建议他们提升企业形象，成为知名的思想领袖，强迫他们离开并再也不要进入自己的舒适区。这个练习真的很强大，直到今天，他们仍旧在坚持做这个练习。在他们发现自己在与畏惧心理做斗争或做事拖拖拉拉的时候，这个练习会鼓励他们采取行动。我问他们："是什么在阻止你？"这让他们停下脚步。"什么在阻止我，是什么意思？""好吧，有没有更加紧迫的事情，需要今天或者本周就处理？我认为你想把生意做大。"通过两个小时的指导，他们问自己："我能接受什么结果？这就是我愿意接受的成功吗？"

每当你面临这样一种处境，看起来你又打算把成功拱手让人，请问问你自己："是什么在阻止我成功？"

练习3：主观臆断

永远不要主观臆断，因为那会使我们成为愚蠢的人。

我承诺过，在本书里，我着重解决那些阻碍你成功的主观臆断。因为作为一个教练，我会说，在指导大多数客户的过程中，我见过"主观臆断"突然冒出来阻碍他们取得成功。奥斯卡·王尔德（Oscar Wilde）总结说："永远不要主观臆断，因为那会使我们成为愚蠢的人。"那么主观臆断让你付出了哪些代价呢？

- 你是会否主观臆断地认为那个不回复你邮件的人一定是因为不感兴趣？
- 你是会否主观臆断，因为你是一家小企业的经营者，所以一家大企业不想与你做生意（有很多证据支持相反的说法）？
- 你是会否主观臆断，像你这样的"小人物"不会大获成功？（为什么不会？总有人会！）
- 你是会否主观臆断，你才来了5分钟，不可以要求升职！

所有这些主观臆断都会让你付出代价，让不敢要自己想要的这种畏惧保持强大，占据支配地位。你让畏惧生根发芽，却与成功渐行渐远。你需要学会挑战自己内心的主观臆断。既然你身边没有现成的教练，你怎么才能做到呢？

通过前两个练习，你就能保证，你不会把机会拱手让人，不轻易质疑自己的能力。但是，如果机会主动送上门呢？如果它们难以捉摸，没有在胸口挂个标志，说："你好，我是一个很好的机会，我能推动你取得成功，让你最大胆的梦想成为现实。"你怎样保证你不会错失这些机会？你认为自己不能开口要自己想要的？你对自己说什么样的话，来保证你不会主观臆地想一些错误的事情、采取错误的行动，或者因太害怕而不敢开口要自己想要的东西？

本章的行动部分旨在介绍提问的艺术。针对那些极具破坏性的主观臆断，它们阻止你开口要自己想要的东西，包括所有的想法，以及你为取得事业成功所做的努力。你会养成一种新的习惯，意识到新的、强大的思维方式，让你能够开口要自己想要的东西。

如果有个机会降临到你面前，你想让它为你带来什么结果？你是想作为一个敢于接受挑战的人，还是作为一个办公室打杂的人呢？如果是前者，那就寻找挑战吧！以正确的方式告诉对的人。志当存高远，不只是在这个项目中，而是贯穿于你的职业生涯。你希望老板因为什么事认可你呢？你告诉过他吗？如果人们不知道你想实现什么目标，那么他们就无法帮助你。同样，如果你是一个善于建立社交网络的人（无论你是职员还是经营自己的企业，这都是一种保持联系、获得新业务、赢得回头客、学习新技能的好方法）。

在社交网络中，你会要自己想要的吗？我不是让你大喊"给我钱""卖给我""买我的，买我的，买我的"，而是致力于提升沟通技巧。如果你是一名销售人员，不要只想着卖东西。记住，你是在要自己想要的东西，不要主观臆断，不要推销，只是礼貌地去要自己想要的。你会要什么呢？找谁要？

记住，你设定的目标越清晰明确，它们就越有可能实现。将主观臆断从你赢在职场方程式中剔除出去，大幅减少你的畏惧心理。

你设定的目标越清晰明确，它们就越有可能实现。

行动：学会提问

若把本章的练习和行动的力量集中起来，你就能开口要自己想要的并且从中获得更大的利益，这是不是很激动人心？你可能会遇到这样的问题，一位客户说："我的确开口要了，但是我还是没有得到！"在评价他的具体行动的时候，我们就能看到，他采取的行动还是那老一套。如果你总是做同样的动作，那么你就要确保自己把动作都做对。但是，很明显不可能都做对。这就是问恰当的问题的威力。

假设你知道自己想要什么，并集中精力做正确的事情，那么，你就要保证你问的问题都很合适。要做到这一点，你需要把对方看成自己的潜在客户。

人们在要自己想要的东西的时候，会犯的一个大错，那就是从自己的角度，而不是对方的角度来思考问题。换位思考，想象一下，你就是那个你想获得首肯的人，或者是你想要让他为你做事的人。

- 对他们来说最重要的是什么?
- 他们需要什么?
- 他们为什么说"好的"?
- 他们能从中得到什么好处?

在你开口要之前，先研究一下对方的需要、欲望、心愿和压力。但是，别幻想用五分钟的时间把你知道的所有信息都糅进一次对话中。因为你知道，这并不意味着那个人就需要你去提示他们讲自己的人生故事!

好的提问方式意味着以下几点。

- 在对的时间问对的人:"现在讲话方便吗?"
- 要有礼貌。如果对方拒绝了，无论如何不要贸然开始你想要谈论的话题，无论是在工作场所的过道里，还是在说其他事情时，抑或是在电话里;如果对方说自己在赶时间，不要纠缠不放。你需要尊重对方的时间，例如说:"别担心，我会给你发邮件安排一次电话交流的。"

- 不要说过多的话。这就意味着你要倾听对方，给其留出说话的空间。你准备好了，意味着你可以把自己研究过的信息加到对话内容里，以此来支持对方所说的话。

双赢对话能营造良好的人际关系。在成功之路上，人们喜欢提携那些尊重他的人。

结果：实现职业目标

一想到解决这个畏惧之后的好处，我就很开心。因为有好多次，我问人们，在开口要自己想要的这件事上，他们持什么观念。在使用本章提及的策略和方法后，他们取得了特别好的效果，战胜了这种畏惧心理并实现了他们的梦想和职业目标。

例如，某位职场妈妈告诉公司，她在做兼职，因为她打算创建自己的公司，所以她想减少工作时间。她付诸行动，在不到两年的时间里，从一个个体小作坊发展到有两名员工且不再需要承包工程的公司了。这就是因为她克服了不敢要自己想要的东西这种畏惧心理。

例如，有个人热切梦想着能够站在台上演讲，而不是坐在下面当观众，但是却太害怕，不敢问怎样才能梦想成真。现在，在自己的专业领域内，他为企业管理者做演讲。

畏惧习惯于偷偷溜进来，入侵我们的潜意识，然后藏在里面，等我们察觉到时为时已晚了。

这无疑是一种很大的畏惧。除非你时不时地做练习三，看看自己是否还在挑战自己的想法，否则，你就会倒退到自己的坏习惯上去。所以，请答应我，你不会忘记这些练习，如果可以的话，每年做一次，促使自己保持自信。因为畏惧习惯于偷偷溜进来，入侵我们的潜意识，然在藏在里面，等我们察觉到时为时已晚了。在我还在汽车行业工作的时候，我告诉我的客户，发生事故后直接回到车里去，因为很有可能在很长一段时间里，你都回不到车里去，不敢开车或者一开车就紧张。畏惧很容易生根发芽，如果你不监控自己的结果、信念和畏惧等级，畏惧就会萦绕在你的脑海里，狙击你的成功。

畏惧就喜欢松松垮垮的大脑！

记住，大脑就是一大块肌肉。如果长时间不用，我们的肌肉会怎么样？一位杰出的女商人兼体育老师在房间那头喊道："就会变得松松垮垮的！"别让这种事发生在你的大脑上。畏惧就喜欢松松垮垮的大脑！

安心享受假期

畏惧：不敢从工作中抽身而出

我出席了一场我和另一位董事会成员花了大量的时间筹备的重要会议，在握手时，客户说："一天 24 小时，一周 7 天，你可以随时给我打电话。"我微笑着握着这位先生的手说："我保证我们会超级努力工作，提交的结果也会比我们预想中好得多，但是在星期天晚上 10 点后，我是不会接电话的，那是属于我的家庭时间。"就像在第一章里呈现的那样，家庭是我不会轻易舍弃的价值观。况且对我来说，在凌晨 1 点打电话是一件可怕的事。尽管我的伙伴眼里闪过一丝惶恐，分明像在说："你怎么可以这么说！"

我所做的就是制定一些基本规则。我愿意为我的客户做任何事情，我可以做一些远远超出我职责范围的事情。但是，我是那个你可以在凌晨打电话的人吗？不太可能。那位和我握手的先生，一脸严肃地看着我（有一毫秒的时间，我有些惊慌失措），然后他笑着说："你是对的。说到营销，我会有什么事情不能等到早上 8 点，非得在凌晨给你打电话呢？否则，我们岂不是都对对方要求太高了！"

如果你不能抽点时间做工作以外的事情，害怕别人会乘虚而入，偷走你的成功，那就是一种愚蠢的行为。

然而，一位客户对我说，他的笔记本电脑也要陪他度过结婚25周年纪念旅行；另一位客户说，他不可能做到关机，享受一个为期两周的假期："我不在，他们怎么能玩儿得转啊！"这种永不停止的大脑活动可能使你看起来认真尽责，帮你实现宏大的职业目标，但是这种畏惧心理，即害怕如果自己抽出时间做工作以外的事，成功就会崩塌，或者害怕别人会乘虚而入，偷走你的成功，是一种愚蠢的行为。但是，这种畏惧心理的表现形式可不仅限于你（又一次）让家人失望，或者让你的同事被迫和你这样的工作狂一起加班到深夜。这会导致：

- 生病；
- 失眠；
- 精疲力竭；
- 离婚；
- 孩子疏远；
- 暴力；
- 药物滥用；
- 心理健康问题；
- 事故；
- 工作业绩差；
- 代价高昂的错误。

你是不是认为我言过其实了？多年前，在法国南部，我与父亲沿着碎石路散步，四周都是桉树、金合欢树和软木橡树。我们所在的营地周围满眼都是企业管理者和教授们的房车，这些车价值不等。我还记得小时候听到父亲与一位先生聊天。那个人在英国各地经营着多家百货公司。他经常说起他在世界各地的度假经历。他最爱的经历就是，在炎炎夏日穿着短裤，端着一杯当地产的酒，吃龙虾烧烤。几年后，我和父亲走在一条香气袭人的小路上，感叹那些谈话多么令人难过——"他今年不来了，因为他得了心脏病""他们被迫放弃了旅游因为她得了癌症"。

这很快就帮助我们克服了这种畏惧心理：不敢从我们的职业生涯和对成功的追求中抽出时间来。我仍旧能清晰地看到当时的情景，在一片蝉声中，我父亲转过身来对我说："我不想成为躺在坟墓里的世界首富。"

成功需要愿景、自我信念、目标、专注和行动，有时候同样需要有暂停工作的自信。

你确实需要学会倾听自己身体发出的信号。赢在职场，也需要有健康体魄来安放梦想。

示例与练习

示例：事必躬亲的奋斗者

我的一位客户很有紧迫感，做什么事都特别投入。如果职业发展需要更多的知识，他不是去搜索查询，而是去攻读一个学位。他做事就是这么投入。

他多才多艺，遇到机会就积极投入其中，没有停下来想一想，这样行动到底合不合适。这给他带来了巨大的压力。尤其是当他的家人需要被照顾时，他会不知所措。这对他的工作造成了极大的影响。他刚刚承担了更多的任务，并且还要照顾家人。真是看不到出路。

我们研究了他的生活、工作、信念和价值观，以及他希望去哪里度假。他从小就被灌输了一种很强的职业道德。他父亲拥有自己的企业，他的母亲身体不好，脾气恶劣，他勤俭持家。后来，他事业有成，他和他的兄弟姐妹们不再缺衣少食。接受这一点后，我们继续深入讨论。在他的成长过程中，他听到的最多的话是：不能放下手中的工作，得把活干完，得奋斗到最后一刻；在生活中，如果想得到什么，你必须为之奋斗……那么，奋斗是一种积极情绪还是一种消极情绪？你是愿意为你想要的东西去奋斗，还是愿意轻轻松松地实现目标?

在我的指导下，他逐渐接受了新的思维方式，即更加尊重自己的身体。他不会工作到生命的最后一刻，而是学会把工作外包出去，让合适的人分担他的工作压力。他还意识到，不要事必躬亲，地球上不仅他有能力做这些事情，暂时放权不会导致失业!

放权促使他离成功更近并赢得了尊重。是的，有时候，尤其是涉及家人的时候，做到这一点很不容易。但是在职场上，这能让更多的人得到更多的关注，因为这些人很少有机会帮别人"灭火"，更多的时候他们只需要"自扫门前雪"。有自信心从工作中抽身而出，从许多方面改变了他们的生活，不只是在职场上。

练习 1: 打造你的"品牌"，提升信誉和声誉

我们不敢从工作中抽身而出的一个原因就是，我们怕自己转个身的功夫，会发生不好的事情。

- 我这样做肯定会把项目搞砸，我周一还得再检查一遍!
- 这会给我带来堆积如山的工作量。我就不应该离开办公室。
- 如果我不在，我知道有人会因这个工作受到表扬，抢走我的晋升机会。只要我一转身，就会错失大好时机。
- 如果我不在，肯定会发生很酷的事情，而我就错过了! 从来都是这样的!
- 如果我出去了，他们肯定会出错。

- 如果我不在，他们肯定会议论我，甚至让我难堪！

- 我不能休假，我一休假，钱就没了。

- 我不能休假，生意不会自己运转！

如果上面的任意一条能引起你的共鸣，那么你就需要提升你的品牌、信誉和声誉。要想赢在职场，你就需要打造自己的"品牌"。你在进门之前，你的名字就是你所做的事情的代名词。如果你能想去哪就去哪，同时还能赢在职场，这就是我希望帮助人们实现的一个目标。你在开口之前，有人朝你走过来，说着："刚刚获悉你就是×××领域的专家，我想请您……"人们主动找你，而不是反过来，这是不是很棒？休完短假，感觉身心放松，创造力迸发，并且在收件箱里看到了新的机会，而这些唾手可得，是不是很棒？

那么，怎样才能打造自己的"品牌"呢？

品牌、信誉和声誉有着千丝万缕的联系。这就要围绕着你所做和所说的每一件事打造自己的标准，保证说到做到才能维护自己的"品牌"。

（1）打造自己的"品牌"（Brand）。想一想无论去哪儿、在哪儿，你怎样呈现自己。如果我在 Facebook 上查看你的信息，我会不会看到一个人凌晨 3 点，从出租车里醉醺醺地跌出来？这是你打造的职业"品牌"吗？想一想你宏大的职业目标以及业内人士都看重什么。无论走到哪里，你都需要呈现你的"品牌"，做自己的"品牌"。

（2）培养信誉（Credibility）。要培养信誉，你就要在承诺的时间准时给人回电话，在承诺的时间准时发邮件，按承诺的时间提交项目。你如何在这个大舞台上让自己成为知名专家？成为可信的标准是：你是一个值得信赖的人。即使与工作无关，也要言出必行。

（3）迅速提高声誉（Reputation）。你首先要做到前面两点。一旦你拥有了前两点，就可以用声誉保护所有这三个方面。

要赢得人们的尊重，你就得清楚自己的立场，有理由坚持这些立场，并耐心地去证明这些对你来说很重要。你愿意把你的品牌、信誉和声誉押在上面。人们愿意与值得信赖的人共事。他们知道你会说到做到。从周围的人和自己那里，知道自己在做正确的事情，你就有实力说："我对我的事业充满信心，我可以抽出时间暂停工作。"

如果这还不够，我们看看我们不敢离开、不敢抽出时间的另一个原因。从逻辑上思考一下，如果发出明确的信号，说自己 1 天 24 小时、1 周 7 天都有时间，这是在传达什么信息呢？

在 21 世纪，越来越多的企业已经意识到，成功、生产率、创造性和盈利能力，已经不仅是靠员工卖力工作，成为一匹任劳任怨的马，或者为他们提供高薪才能实现的了。研究结果指向这样一个事实，尽管一些最新技术会给我们的工作方式带来变革，但是与20世纪60年代相比，我们的生产率却没有提高。更糟糕的是，由于我们坚持把人束缚在办公桌上，一周7天、一天24小时在线，我们正丧失成功、生产力、创造力和盈利能力。

我本人也从客户身上体会到了这一点。他们生怕丢开工作，哪怕是一会儿。如果想获得成功，你就需要给自己和你周围的人展示，你有能力做其他事。顾不上吃午餐并把自己的假期推到了明年，就很了不起吗？明智的公司管理者都在积极鼓励员工暂时去做点别的事情，给自己充电，给那些让人难以捉摸的问题找到解决方案。所以，这个练习会帮你解决类似的问题。知道该做什么事情，和真正去做，是两码事。

练习2：三个核心价值观

如果下次你又要为加班到很晚、把工作任务带到饭馆、在泳池旁边打开笔记本电脑或者把假期推迟到明年找各种理由，请想想自己的三个核心价值观，即你认为生活中最重要的三件事（详见第一章）。你能否说服自己，你的行动都指向了这些价值观。

当心你内心的政客口吻，它会让你偏离轨道并绕开主题。

想一想你在第二章中设定的目标，你能说服自己这个行动真的与目标相符吗？

如果你扪心自问，它们确实相符，那就努力争取吧！但是，当心你内心的政客口吻，它会让你偏离轨道并绕开主题。这个声音会对你的自我和心灵曲意奉承，使其相信，这些错误的行动就是对的。例如："我给自己找理由，在结婚纪念日的周末度假时，带上笔记本电脑，这完全可以接受。尽管我已经做了分内的工作，也相信我的团队成员能够做好。如果他们有什么顾虑，我想让他们知道，我是一个尽职尽责的人，我很关心他们，也很关心结果以及公司的未来。并且，这也符合我关于家庭时间、成功和财富的价值观。因为这三点都是我看重的。"

这是彻头彻尾的政治家推理方式。接下来让我们重构一下思路：带着你的笔记本电脑去度假，你这是给你的另一半发出什么信号呢？"是的，亲爱的，我爱你，我只是拿不出完整的 48 小时来陪你。因为我工作方面的成功比我们的关系重要得多。"

告诉你的团队成员你随叫随到，这仿佛是告诉他们，你不信任他们，只有你能处理好这一切，因为你是最优秀的。"我就知道你们需要我，实际上我对你们一点信心也没有。我甚至不敢在周末把一件事托付给你们。"

这些重构的表述，给你什么感觉？

对于所有的事情，我们都有能力按照自己选定的方式去解读它们。想一想你的办公室、家里或其他地方的墙上挂的某个物件。想象一下把它取下来，挂到其他地方是什么效果。说不准，你的想法也是这样的。不要让你的心灵向你传达这样一种想法：永远不要暂时停下工作。

重构你的反应，回答有关核心价值观的问题。你的世界里最重要的价值观和目标是什么？这些是否真正得到了尊重？

你可能会保持一种常态，从不暂停工作，但是你能保持多久呢？以什么为代价呢？你真的准备接受这个代价吗？

并且，这真的会给你带来预期的成功和胜利吗？

行动：外包、授权和自动化

你不会每天去跑马拉松比赛，因为这对你没有好处。那你怎么会以为，夜以继日地工作，没有一点脑力空间就有好处呢？

有紧迫感、做事投入的人，最有可能饱受这种畏惧的折磨。因此，重构一下这种想法。你不是暂停手头的工作，你是在采取一种不同的行动，去开启你的创造力、生产力和成功。

要抽出时间来赢在职场，你需要学会以下这些技能。

（1）外包。这意味着你需要做更少的事，这样你就能专注于那些对你的成功来说更重要的事情了。第一次把工作交给别人，这是挺可怕的一件事。他们做事的方式可能与你不一样。但是，你也可以从他们身上学到一些新的方法和窍门。更重要的是，如果有人为你做那些单调的、不以成功为目的的工作，这就意味着，你可以做那些富有挑战性的、以成功为目的的事情了。

（2）**授权**。授权不仅对你有好处，还会让你成为赋能者，而不是一个自私自利的把所有的成功、自我发展、展现自我的机会都据为己有的人。通过授权，你与他们共享机会；通过授权，你解放了自己的时间。

（3）**自动化**。自动化是绝妙的工具。你可以把市场营销、邮件、银行业务和研究都实现自动化。那么，自动化可以为你做什么呢？基本规则就是，如果有什么事需要你经常做，并且不用动脑子，那么或许可以通过某种方式实现自动化。这也会让你效率倍增。

行动思维导图

托尼·博赞（Tony Buzan）发明了一种用来组织你的思维、想法的神奇工具。我用它来规划演讲活动、培训课程，甚至规划本书的写作。不要把暂时放下工作看作一件应该不惜一切代价去避免的事情。尝试创造一定的空间，拿起纸和彩笔，探索一下你富有创造性的思维会给你带来什么新点子，让你的成功再上一个台阶。离开办公桌，放下笔记本电脑、平板电脑或手机。那些老式的笔和纸会让你的创造力喷涌而出。

首先想一想："如果我不工作，我要做什么？"记住，把所有的事情都加进来，不要让时间、金钱、技能或承诺限制自己的想法。把你的想法写在纸上。记住，你写的条目越多，你探索的就越深，你就越有可能发现，什么事情会让你的大脑把工作模式关闭一会儿，真正地启动你赢在职场的能力。

探索完之后，不要赶着回去工作。为什么不采取行动呢？行动可以是坐听鸟鸣、侍弄花草、画画、骑自行车、骑马或散步。你有什么爱好，但是早已被你忽略？我经常看到，为了工作，有些成功的、高度专注的人放弃了业余爱好。他们认为这样做就可以实现自己宏大的职业目标。但是，与生活中的其他事情一样，这也需要平衡。在他们让骑马、运动、表演、唱歌或摩托车回归他们的生活之后，他们突然发现，他们得到的结果更好了。有个人说："我觉得我又找回了自己，我比任何时候都充满活力！"这对你的心态、你保持专注和积极乐观的态度的能力会产生什么影响呢？

公认的历史上最伟大的数学家之一——阿基米德，在进入澡盆的时候，发出了他著名的喊声："尤里卡！尤里卡！"[1]。他最伟大的时刻不是握着鹅毛笔，准备写下那些让 21 世纪的学生头疼不已的文字的时候，而是在他洗澡的时候！你准备采取什么措施来启动你的成功呢？你要怎样保证，你能够拥有顿悟时刻来创造空间，真正地帮你赢在职场？

---

[1] 尤里卡（Eureka）：意思是"我知道了"。

结果：获得持久成功的动力

问问你自己，更愿意与什么样的人做生意？那些幸福和热爱生活的人，还是那些处在精神崩溃边缘的人？

我认为，由于信息技术和沟通方式的变革，我们有千载难逢的机会参与到这场变革中，让每个人都有可能变成自己希望成为的样子，过上自我满足的生活，取得想要的成功，并不是说非得每天花4小时通勤时间，每周工作90小时以上，需要牺牲家庭生活、娱乐和社交，一说起自己有孩子就觉得难堪。但是，这确实表示你有自己的立场："真的很抱歉，我现在得先做完工作。"

要想看到效果，你得有充分的理由去阅读本书，想象一下，如果不解决"不敢暂时停止工作"这种畏惧心理，你会面对什么痛苦。一位企业管理者对我说，他不管白天黑夜都会发邮件，他的客户很高兴在凌晨3点收到报告，在接下来的工作日就可以用了。他觉得这个畏惧很荒谬。"我现在赚好多钱，我住在自己梦寐以求的房子里。这个办法很管用。"但是这个想法不会一直管用。他发现，过了几个月，他就病倒去医院输液了。

要想看到效果，你得有充分的理由去阅读本书，想象一下，如果不解决"不敢暂时停止工作"这种畏惧心理，你会面对什么痛苦。

另一名成功人士意识到，他给自己的孩子们树立了一个不好的行为榜样。如果他没日没夜的工作，是不是说他希望自己的孩子也这样？他当然不希望这样。正是这种恰到好处的痛苦，给他的生活重新带来了平衡；正是与孩子们一起做喜欢做的事情，给了他脑力空间，让他弄清楚了接下来需要怎么做才能取得持久的成功。

　　至于我自己，我去年休了 42 天的假。期间我的手机彻底被废弃了，我都不知道把它扔在哪里了！然而，我回来后，我的新业务和机会都超出了我的预期，并且还有免费公关！现在，如果我对客户说他们需要提前预约，我现在要与家人外出，他们会充分尊重我。因为老实说，我想帮助每一个人营造双赢的人际关系，取得成功。所以，在本书中我所分享的技能、方法和技巧，都会让客户把工作变成乐趣，不再觉得工作是辛苦劳作。

　　并不是所有的成功都需要心无旁骛。有时候，你需要从工作中抽身，腾出点脑力空间。如果你不停地把越来越多的信息、问题和工作一股脑地塞到脑子里，你哪里还有空间去思考解决方案和创意？

感谢你阅读本书。我这样说，是因为我衷心地感谢你开始开动脑筋，思考新的创意。你可能没有意识到这一动作，你找到了一些创意，并让它们悄悄地在你脑海的角落里酝酿、发芽。所以，谢谢读者们付出的脑力，因为我知道，在放下此书很久之后，你们会想出很好的办法，取得新一阶段的成功。

所以，请善待自己的大脑，让它休息、开心、快乐和幸福，要时不时地滋养它。畏惧心理就是一只鬼鬼祟祟的、狡猾的、让人讨厌的癞蛤蟆，一直想方设法再次悄悄地出现在你的职业生涯中。你可以返回去重读这些章节，这样有助于你意识到自己在抗拒什么，以及还有哪些问题悬而未决。你能一眼看出，哪些畏惧心理依旧躲在你心灵深处，伺机再次控制你。

记住，你在本书里已学会并终将掌握的可迁移的技能，可以用于生活中的许多领域。

- 从恶性循环到良性循环。

- 假设游戏：好的版本和坏的版本。

- 我为什么了不起？写在 2 页 A4 纸上。

- 价值观练习——你是否重视和了解你自己的价值观？随着你取得成功，它也会随之变化。所以，一定要回过头来，看看自己的工作和规划是否还符合你的核心价值观。

- 痛苦和快乐。

- 你自然流露出来的做事方式。

- 说"不"的力量。

- 提问的艺术。

你需要做的最后一件事情就是问问自己："我在采取哪些行动？它们在什么时候，对我的成功带来了哪些影响？"如果你不这样做，那么你能接受什么结果？